Introduction

L'intelligence artificielle (IA) est devenue une technologie omniprésente. Elle a les ressources de révolutionner à peu de chose près les aspects de la vie d'aujourd'hui et de demain. Des soins de santé aux transports. Elle est utilisée pour développer de nouveaux produits et services. Elle améliore l'efficacité, la productivité et résout des problèmes complexes. Cependant, si ses avantages sont incontestables, son développement présente aussi des défis et des risques importants.

Dans cet ouvrage, l'auteur explore les avantages et les inconvénients de l'IA sous différents angles. Il aborde des sujets tels que le déplacement et les pertes d'emplois, l'éthique, la protection de la vie privée, la sécurité, etc., donne un aperçu complet des dernières recherches, tendances et évolutions dans le domaine de l'IA, ainsi que des points de vue et des analyses d'experts du secteur. Grâce à une approche équilibrée et nuancée, le livre vise à fournir aux lecteurs une compréhension approfondie des avantages et des risques de l'IA. Il explore les façons dont elle peut améliorer nos vies, tout en soulignant les dangers et les pièges qui doivent être abordés pour s'assurer que la technologie est utilisée de manière responsable et pour le plus grand bien.

Dans l'ensemble, ce livre est un ouvrage incontournable pour quiconque souhaite comprendre l'impact actuel et futur de l'IA sur la société. Ce livre présente une analyse détaillée de la manière dont cette technologie peut profiter à diverses industries, tels, les soins de santé, la finance et les transports et bien d'autres. Par exemple, il explore la manière dont les dispositifs médicaux peuvent améliorer les résultats pour les patients? Comment ses algorithmes peuvent aider les institutions financières à mieux gérer les risques. Et comment les voitures autonomes améliorent la sécurité et l'efficacité des transports.

Cet ouvrage aborde les préoccupations éthiques liées à son utilisation, notamment les questions de partialité, de protection de la vie privée et de responsabilité. Il aborde son impact potentiel sur l'emploi et leurs déplacements, ainsi de la nécessité de la requalification. Il donne un aperçu équilibré et instructif des différentes perspectives sur l'IA. Il présente à la fois en présentant à la fois les avantages potentiels et les défis et risques associés à la technologie. Il conclut en affirmant que si l'IA a un énorme potentiel pour la société, son développement et son déploiement doivent être guidés par des principes éthiques, la transparence et la responsabilité.

Il est une ressource pour tous ceux qui souhaitent comprendre les opportunités et les défis présentés par l'IA. Grâce à son analyse approfondie, à ses avis d'experts et à sa perspective nuancée, ce livre permet aux lecteurs de comprendre l'impact de l'IA sur la société. Et savoir quelles sont les mesures que nous pouvons prendre pour veiller à ce que la technologie soit utilisée de manière responsable. Un aperçu de l'avenir de la technologie y est présenté ainsi que son futur et son évolution continue. Au fil des années, la transformation de la société est abordée.

Par exemple, il explore l'idée d'une IA "super intelligente", qui aurait la capacité de s'améliorer à un rythme exponentiel. Ce qui pourrait conduire à un avenir où les machines surpasseraient l'intelligence humaine. Il examine les implications potentielles d'un tel avenir, y compris les risques de perte de contrôle et les menaces existentielles pour l'humanité. Cet ouvrage insiste sur la nécessité pour la société de s'attaquer de manière proactive aux défis et aux risques associés à celle-ci. Nous devons veiller à ce que les avantages de la technologie soient largement distribués, tout en prenant des mesures pour atténuer les conséquences négatives potentielles. Ce livre permet aux lecteurs de mieux comprendre les avantages et les risques de l'IA, ainsi que les mesures que nous pouvons prendre pour veiller à ce que la technologie soit utilisée pour le bien de tous.

Les origines de l'intelligence artificielle et de l'automatisation.

Le voyage commence par les origines de l'intelligence artificielle (IA) et de l'automatisation. Il remonte aux premiers jours de l'informatique, lorsque les chercheurs ont commencé à explorer le concept de création de machines capables d'une intelligence semblable à celle de l'homme. Au fur et à mesure de l'évolution de la technologie informatique, l'accent a été mis sur le développement d'algorithmes et de modèles pour l'apprentissage automatique et la reconnaissance des formes, ce qui a conduit aux premières avancées de l'IA. L'émergence des systèmes experts a marqué une étape importante. Ces systèmes ont été conçus pour imiter l'expertise humaine dans des domaines spécifiques, ce qui a permis d'automatiser la prise de décision et la résolution de problèmes. Parallèlement, les percées dans le domaine du traitement du langage naturel et de la reconnaissance vocale ont ouvert la voie à l'interaction homme-machine par le biais de commandes vocales et de la compréhension de textes.

À L'essor, des réseaux neuronaux, les algorithmes d'apprentissage profond ont révolutionné l'IA. Ces techniques ont permis aux machines d'apprendre à partir de grandes quantités de données, de découvrir des modèles complexes et de faire des prédictions plus précises. Les industries, telles que l'industrie manufacturière, ont connu l'impact transformateur de l'IA et de l'automatisation, car la robotique et les machines intelligentes ont pris en charge les tâches répétitives, entraînant une augmentation de la productivité et de l'efficacité. Au-delà de la fabrication, l'automatisation a trouvé sa place dans l'agriculture, transformant les pratiques agricoles et optimisant la production alimentaire. Les assistants virtuels font désormais partie intégrante de notre vie quotidienne.

Elle offre des recommandations personnalisées, une aide à la planification et un contrôle à commande vocale sur les appareils intelligents. Dans le secteur de la santé, l'IA a joué un rôle crucial dans les diagnostics médicaux, en aidant à la détection précoce des maladies et en fournissant des plans de traitement sur mesure. L'industrie automobile a assisté à l'avènement des véhicules autonomes, promettant des transports plus sûrs et plus efficaces. L'industrie financière a adopté l'IA et l'automatisation pour des tâches telles que la détection des fraudes, la négociation algorithmique et les chatbots de service à la clientèle. Cependant, des implications éthiques sont apparues concernant la vie privée, l'équité et la responsabilité dans les processus de prise de décision automatisés.

Les progrès de l'IA et de l'automatisation ont suscité des inquiétudes quant à leur impact sur l'emploi. Certains emplois ont été automatisés, ce qui a entraîné une modification du paysage de l'emploi. Dans le même temps, les plateformes de commerce électronique ont exploité l'IA pour offrir des expériences d'achat personnalisées grâce à des systèmes de recommandation, améliorant ainsi la satisfaction des clients. L'utilisation de l'IA s'est étendue à l'analyse des données et à la modélisation prédictive, permettant aux entreprises d'obtenir des informations précieuses à partir de vastes ensembles de données. Le service à la clientèle a également évolué avec des chatbots alimentés par l'IA qui fournissent une assistance instantanée. Des secteurs comme la construction et la logistique ont vu l'intégration de la robotique et de l'automatisation, améliorant l'efficacité et la sécurité. L'IA a joué un rôle crucial dans le renforcement de la cybersécurité, en détectant et en atténuant les menaces en temps réel. L'éducation a été témoin d'expériences d'apprentissage personnalisées alimentées par l'IA, s'adaptant aux besoins individuels des étudiants. Le concept de maison intelligente a émergé, intégrant l'IA dans les appareils de tous les jours, créant ainsi un environnement de vie plus connecté et automatisé. L'IA a également démontré son potentiel créatif en générant de l'art et de la musique, soulevant des questions sur les limites de la créativité humaine.

La nécessité de préserver l'environnement a conduit l'IA à jouer un rôle dans la gestion et la conservation des ressources. Le déploiement de l'IA dans les technologies d'application de la loi et de surveillance a suscité des inquiétudes quant au respect de la vie privée et des libertés civiles. La partialité et l'équité des algorithmes d'IA sont devenues des questions importantes, soulignant l'importance de la transparence et de la responsabilité.

L'industrie du divertissement et des jeux a adopté l'IA pour des expériences immersives et des simulations réalistes. Le journalisme a également ressenti l'impact de l'IA, en automatisant la création de contenu et en améliorant la diffusion des informations. Pour ce qui est de l'avenir, l'IA est prometteuse pour l'exploration spatiale et la recherche scientifique, car elle facilite l'analyse des données et la prise de décision. L'innovation dans le domaine de la santé se poursuit, l'IA contribuant à la découverte de médicaments et à la médecine personnalisée.

Les considérations éthiques entourant l'IA ont donné lieu à des discussions sur le développement et la réglementation responsables. Les spéculations sur l'avenir incluent le potentiel de l'intelligence artificielle générale (AGI), où les machines possèdent une intelligence et des capacités de niveau humain. Ces 30 étapes constituent une exploration chronologique de l'impact de l'IA et de l'automatisation, englobant diverses industries et considérations éthiques. Toutefois, il est important d'approfondir chaque sujet pour en comprendre pleinement leurs significations et leurs implications avant de se faire une idée. Les considérations éthiques entourant l'IA ont donné lieu à diverses discussions et débats sur le développement et la réglementation responsables. Ces discussions se sont articulées autour de plusieurs domaines clés :

Considérations éthiques sur l'IA

1. Biais et équité
2. Vie privée et protection des données
3. Responsabilité et transparence
4. Déplacement d'emplois
5. Prise de décision éthique
6. Sûreté et sécurité
7. Impact social et inégalités
8. Collaboration mondiale et gouvernance
9. Interaction entre l'homme et l'IA et responsabilité

Considérations éthiques sur l'IA (expliquer)

Biais et équité : L'une des principales préoccupations est la partialité potentielle des algorithmes d'IA. Les systèmes d'IA formés à partir de données biaisées ou incomplètes peuvent perpétuer ou amplifier les inégalités et les préjugés sociétaux existants. Les discussions ont porté sur la correction des biais dans les données, la prise de décision algorithmique et la garantie de la justice et de l'équité dans les applications de l'IA.

Aborder la question des biais potentiels dans les algorithmes d'IA

Les algorithmes d'intelligence artificielle (IA) sont devenus de plus en plus répandus dans notre société. Ils façonnent divers aspects de notre vie. Si l'IA offre de nombreux avantages, l'une des principales préoccupations liées à son utilisation est le risque de partialité. Comme les algorithmes d'IA s'appuient sur de grandes quantités de données pour l'entraînement, il est possible qu'ils perpétuent ou amplifient les préjugés présents dans les données. Ces biais peuvent entraîner des conséquences importantes dans des domaines tels que les processus d'embauche, la justice pénale, l'approbation des prêts et d'autres systèmes de prise de décision. Dans cet article, nous examinerons les principales préoccupations liées aux biais potentiels des algorithmes d'IA et discuterons des approches permettant d'atténuer ce problème.

1 - Comprendre les biais dans les algorithmes de l'intelligence artificielle. Les biais dans les algorithmes d'IA

Les biais dans les algorithmes d'IA font référence aux erreurs systématiques ou aux préjugés qui peuvent apparaître dans les processus de prise de décision de ces algorithmes. Ces biais peuvent être introduits à différents stades, notamment lors de la collecte des données, du prétraitement, de la sélection des caractéristiques et de l'apprentissage du modèle. Les biais présents dans les données utilisées pour former les algorithmes d'IA peuvent refléter des préjugés sociaux, culturels ou historiques, conduisant à des résultats discriminatoires.

Conséquences potentielles des biais :

Les conséquences des algorithmes d'IA biaisés peuvent être considérables. Dans le contexte des processus d'embauche, les algorithmes biaisés peuvent être discriminatoires à l'égard de certains groupes démographiques, perpétuant ainsi les inégalités et entravant les efforts de diversité et d'inclusion. Dans les systèmes de justice pénale, les algorithmes biaisés peuvent cibler et pénaliser de manière disproportionnée des groupes spécifiques, conduisant à des résultats injustes. Les algorithmes biaisés d'approbation des prêts peuvent donner lieu à des pratiques de prêt injustes, limitant les opportunités pour certaines communautés. Ces exemples soulignent l'importance de lutter contre les préjugés dans les algorithmes d'IA afin de garantir la justice et l'équité.

Des données diversifiées et représentatives :

Il est essentiel de veiller à ce que les données d'entraînement utilisées pour développer les algorithmes d'IA soient diversifiées et représentatives. En incorporant des données provenant d'un large éventail de sources et de données démographiques, les algorithmes peuvent être entraînés à prendre en compte de multiples perspectives et à éviter de perpétuer les préjugés présents dans un ensemble de données particulier. Lorsque nous parlons d'utiliser des données diverses et représentatives dans les algorithmes d'IA, cela signifie qu'il faut s'assurer que l'ensemble de données utilisé pour former l'algorithme reflète fidèlement les différentes données démographiques et caractéristiques de la population avec laquelle il interagira ou pour laquelle il prendra des décisions.
Pour que les données soient représentatives, il est important d'inclure des échantillons de différents groupes en fonction de facteurs tels que l'âge, le sexe, l'origine ethnique, le statut socio-économique, la situation géographique et d'autres variables pertinentes. En intégrant un large éventail de perspectives et d'expériences, l'algorithme d'IA peut apprendre à prendre des décisions justes et impartiales qui tiennent compte de la diversité des individus sur lesquels il aura un impact. Par exemple, dans le contexte des algorithmes de reconnaissance faciale, il est essentiel de disposer d'un ensemble de données diversifié comprenant des images de personnes de différentes origines raciales et ethniques. Si

l'ensemble de données est principalement composé d'individus d'un groupe particulier, l'algorithme peut avoir du mal à reconnaître et à classer avec précision les visages des groupes sous-représentés, ce qui conduit à des résultats biaisés. La représentativité des données contribue à minimiser le risque de perpétuer les préjugés existants et garantit que l'algorithme est formé sur un ensemble d'exemples plus complet et inclusif. En prenant en compte un plus large éventail de données, les algorithmes d'IA peuvent prendre des décisions plus équitables et éviter de renforcer les schémas discriminatoires qui peuvent exister dans les données d'apprentissage.

Un prétraitement robuste des données :

Un prétraitement approfondi des données est nécessaire pour identifier et atténuer les biais potentiels. Cela implique un examen minutieux des données afin d'identifier les biais éventuels, tels que la surreprésentation ou la sous-représentation de certains groupes. Des techniques telles que l'augmentation et l'équilibrage des données peuvent être employées pour remédier à ces biais.

Des modèles transparents et explicables :

Le développement de modèles d'IA transparents et explicables peut aider à identifier et à traiter les biais. En comprenant comment les algorithmes prennent leurs décisions, il devient plus facile d'identifier et de rectifier les biais dans le processus de prise de décision.

Suivi et évaluation continue :

Il est essentiel de contrôler et d'évaluer régulièrement les algorithmes d'IA dans des applications réelles. Il s'agit de mesurer les performances de l'algorithme et d'évaluer son impact sur différents groupes afin de détecter tout résultat biaisé. Les boucles de rétroaction et les améliorations itératives peuvent contribuer à affiner les algorithmes au fil du temps.

Lignes directrices et réglementations éthiques :

Les gouvernements, les organisations et les chercheurs doivent établir des lignes directrices et des réglementations éthiques pour le développement et le déploiement des algorithmes d'IA. Ces lignes directrices peuvent aborder des questions telles que la confidentialité des données, la responsabilité et l'équité, afin de garantir que les algorithmes sont développés et utilisés de manière responsable.

Conclusion :

Bien que les algorithmes d'IA offrent des avancées et une efficacité significatives, les préoccupations relatives à la partialité restent un défi majeur. Il est essentiel de reconnaître et de traiter les biais potentiels qui peuvent être présents dans les algorithmes d'IA. En mettant en œuvre des mesures telles que des données diverses et représentatives, des techniques de prétraitement robustes, la transparence, le contrôle continu et des lignes directrices éthiques, nous pouvons atténuer les risques de partialité et œuvrer à la création de systèmes d'IA justes et impartiaux qui profitent à tous les membres de la société.

2 - Protection de la vie privée et des données

Garantir la protection de la vie privée et répondre aux problèmes d'abus dans les applications de l'IA

Alors que l'intelligence artificielle (IA) continue de progresser et d'imprégner divers aspects de notre vie, des inquiétudes concernant les violations de la vie privée et l'utilisation abusive potentielle des technologies de l'IA sont apparues. Il est essentiel de répondre à ces préoccupations afin de rassurer les individus quant à l'utilisation responsable et éthique de l'IA. Dans cet article, nous examinerons les mesures et les garanties mises en place pour protéger la vie privée et prévenir l'utilisation abusive de l'IA, en favorisant la confiance et la transparence dans les applications de l'IA.

Protection de la vie privée :

La protection de la vie privée est un droit fondamental, et la sauvegarde des informations personnelles est de la plus haute importance dans les applications de l'IA. Pour garantir la protection de la vie privée, les mesures suivantes sont mises en œuvre :

Chiffrement des données :

Les systèmes d'IA utilisent des techniques de cryptage robustes pour sécuriser les données personnelles, en veillant à ce qu'elles restent inaccessibles aux personnes ou entités non autorisées.

Minimisation des données :

Les organisations qui collectent des données pour des applications d'IA suivent le principe de minimisation des données, ce qui signifie qu'elles collectent et ne conserve que les informations nécessaires, minimisant ainsi le risque d'accès non autorisé ou d'utilisation abusive.

Anonymisation et agrégation :

Les données personnelles utilisées dans les algorithmes d'IA sont souvent anonymisées et agrégées afin de supprimer les informations personnellement identifiables. Cela permet de protéger la vie privée des individus tout en permettant une analyse et une prise de décision efficaces.

Consentement éclairé et contrôle de l'utilisateur :

Il est essentiel de respecter l'autonomie des utilisateurs et de permettre aux individus de contrôler leurs données. Les mesures à prendre sont les suivantes.

Pratiques transparentes en matière de données :

Les organisations communiquent clairement leurs pratiques en matière de collecte, de stockage et d'utilisation des données, ce qui permet aux individus de prendre des décisions éclairées quant au partage de leurs données.

Mécanismes d'acceptation et de refus :

Les utilisateurs ont la possibilité de donner leur consentement explicite à l'utilisation de leurs données dans les applications d'IA. En outre, des mécanismes clairs permettant de refuser la collecte de données ou d'interrompre les services d'IA sont prévus.

Contrôles granulaires du partage des données :

Les systèmes d'IA permettent aux utilisateurs de personnaliser leurs préférences en matière de partage des données, en spécifiant les types d'informations qu'ils sont prêts à partager et les fins auxquelles elles peuvent être utilisées.

Cadres éthiques et réglementations :

Pour répondre aux préoccupations concernant l'utilisation abusive de l'IA, des cadres éthiques et des réglementations sont en cours d'élaboration et de mise en œuvre :

Développement éthique de l'IA :

 Les organisations adoptent des lignes directrices éthiques qui privilégient l'équité, la transparence et la responsabilité tout au long du cycle de développement de l'IA. Ces lignes directrices contribuent à garantir que les systèmes d'IA sont conçus et déployés de manière responsable.

Surveillance réglementaire :

Les gouvernements introduisent des réglementations pour régir son utilisation, en mettant l'accent sur la protection de la vie privée. La non-discrimination et les pratiques responsables en matière d'IA. Ces réglementations fournissent un cadre pour prévenir son utilisation.

Audit et responsabilité :

Pour favoriser la confiance et la transparence, il est essentiel de mettre en place des mécanismes d'audit et de responsabilité :

Audits algorithmiques :

Des audits indépendants sont menés pour évaluer l'équité, la partialité et l'utilisation potentiellement abusive des algorithmes d'IA. Ces audits permettent d'identifier et de rectifier tout problème, garantissant ainsi que les systèmes d'IA sont conformes aux normes éthiques   et   juridiques.

Évaluations de l'impact des algorithmes :

Les organisations réalisent des évaluations d'impact afin de comprendre les implications potentielles des systèmes d'IA sur la vie privée et la société. Cela permet d'identifier les risques de manière proactive et de mettre en œuvre les mesures de protection nécessaires.

Gouvernance responsable de l'IA :

Les organisations établissent des politiques et des cadres internes pour une gouvernance responsable de l'IA, en veillant à ce que le développement, le déploiement et l'utilisation des technologies de l'IA soient conformes aux principes éthiques et aux exigences légales.

Conclusion :

Pour renforcer la confiance dans les applications de l'IA, il est essentiel de répondre aux préoccupations concernant les violations de la vie privée et les utilisations abusives. Grâce à de solides mesures de protection de la vie privée, au consentement éclairé, au contrôle des utilisateurs, aux cadres éthiques et à la surveillance réglementaire, nous pouvons atténuer les risques associés à l'utilisation abusive de l'IA. Les mécanismes d'audit et de responsabilité garantissent la transparence et une gouvernance responsable de l'IA. En donnant la priorité à la protection de la vie privée et à l'éthique dans le développement et le déploiement de l'IA, nous pouvons construire un avenir où les technologies de l'IA seront utilisées dans le respect de la vie privée des individus et du bien-être de la société. L'IA s'appuie souvent sur une collecte et une analyse approfondies des données. Plusieurs suscitent des inquiétudes quant à la violation de la vie privée et à l'utilisation abusive de ceux-ci. Les discussions ont porté sur la nécessité d'une législation solide en matière de protection des données ainsi que sur la transparence de l'utilisation des données et sur les mécanismes de consentement des utilisateurs et de contrôle des données personnelles.

Il est question de garantir la responsabilité des systèmes d'IA et de leurs décisions. La nature "boîte noire" de certains algorithmes d'IA fait qu'il est difficile de comprendre comment ils parviennent à des résultats spécifiques. Le mouvement en faveur d'une IA explicable et de mesures de transparence vise à résoudre ce problème, en permettant aux utilisateurs de comprendre et de contester les décisions de l'IA.

L'impact de l'IA et de l'automatisation sur l'emploi a fait l'objet d'un débat. Les discussions se sont concentrées sur le déplacement potentiel d'emplois par les systèmes d'IA et sur la nécessité de mettre en place des programmes de requalification et de recyclage pour soutenir la main-d'œuvre pendant ces transitions. Les systèmes d'IA prennent souvent des décisions autonomes qui peuvent entraîner des conséquences importantes. Les discussions ont porté sur les cadres éthiques qui devraient guider la prise de décision en matière d'IA, notamment en veillant à ce que les valeurs et les principes humains soient intégrés dans les systèmes d'IA et en tenant compte des risques de préjudice et des conséquences involontaires. Les discussions sur la sûreté et la sécurité de l'IA ont porté sur la prévention des utilisations malveillantes de l'IA, la mise en place de mesures de cybersécurité solides et la prévention de la manipulation ou du piratage des systèmes.

L'impact de l'IA sur la société a suscité des discussions sur son potentiel à exacerber les inégalités sociales existantes. Les discussions ont porté sur les moyens d'atténuer ces disparités, de garantir l'accès aux technologies de l'IA et de promouvoir un développement et un déploiement inclusifs.

Compte tenu de la nature mondiale de l'IA, les discussions ont souligné l'importance de la collaboration internationale dans l'élaboration des politiques et des normes en matière d'IA. La nécessité d'accords et de cadres internationaux pour guider le développement, la gouvernance et les normes éthiques de l'IA a été un sujet de discussion essentiel. Les discussions ont porté sur la responsabilité des humains dans la conception et le déploiement des systèmes d'IA. Des questions ont été soulevées concernant le niveau approprié de contrôle humain, le rôle du jugement humain dans la prise de décision de l'IA et l'impact potentiel sur l'agence et l'autonomie humaines.

Ces discussions ont impliqué diverses parties prenantes, notamment des décideurs politiques, des chefs d'entreprise, des chercheurs, des éthiciens et des organisations de la société civile. Elles ont eu pour but d'élaborer des lignes directrices, des principes et des réglementations qui favorisent le développement et le déploiement responsables de l'IA, en répondant aux préoccupations de la société et en garantissant l'utilisation éthique de la technologie de l'IA.

2 - Les premiers développements en matière d'apprentissage automatique et de reconnaissance des formes.

Les débuts des premiers développements en matière d'apprentissage automatique et de reconnaissance des formes ont jeté les bases des progrès que nous observons aujourd'hui dans le domaine de l'intelligence artificielle (IA). Ces efforts pionniers visaient à créer des algorithmes et des modèles permettant aux machines d'apprendre à partir de données, de reconnaître des modèles et de prendre des décisions intelligentes.

L'apprentissage automatique, un sous-domaine de l'IA, se concentre sur le développement d'algorithmes qui permettent aux ordinateurs d'apprendre et de s'améliorer à partir de l'expérience sans être explicitement programmés. Au début, les chercheurs ont exploré diverses approches pour permettre aux machines d'apprendre et de s'adapter.

Les débuts d'une ère nouvelle (l'informatique)

L'une des approches les plus anciennes et les plus influentes a été le développement des réseaux neuronaux artificiels (RNA). Inspirés de la structure et de la fonction des neurones biologiques, les réseaux neuronaux artificiels sont des modèles informatiques composés de nœuds interconnectés, ou neurones artificiels. Ces réseaux peuvent apprendre et prendre des décisions basées sur des données d'entrée en ajustant la force des connexions entre les neurones.

Le perceptron, développé à la fin des années 1950 par Frank Rosenblatt, a démontré sa capacité à apprendre et à classer des modèles d'entrée. Le perceptron est devenu la pierre angulaire d'architectures de réseaux neuronaux plus complexes.

Un autre développement important dans le domaine de l'apprentissage automatique a été la formulation de la reconnaissance statistique des formes. Cette approche vise à reconnaître des modèles dans les données en utilisant des techniques statistiques. Les chercheurs ont développé des algorithmes capables d'apprendre à partir d'ensembles de données étiquetés à classer de nouveaux exemples non vus sur la base de leurs propriétés statistiques.

Dans les années 1960, l'algorithme du plus proche voisin s'est imposé comme une technique populaire de reconnaissance des formes. Il consiste à trouver les points de données les plus proches d'une entrée donnée dans un ensemble d'apprentissages et à classer l'entrée sur la base de la majorité des étiquettes de ses plus proches voisins.

Avec l'augmentation de la puissance de calcul et de la disponibilité des données, les chercheurs ont commencé à explorer des algorithmes d'apprentissage automatique plus sophistiqués. Les arbres de décision, développés dans les années 1970, ont pris une place prépondérante à cette époque. Les arbres de décision sont des structures hiérarchiques qui divisent récursivement les données en fonction des valeurs des caractéristiques afin de prendre des décisions ou de faire des prédictions.

Les années 1980 ont vu l'essor de l'apprentissage symbolique, qui visait à intégrer le raisonnement logique dans les algorithmes d'apprentissage automatique. Des systèmes comme ID3 (Itérative Dichotomiser 3) ont été développés pour apprendre les arbres de décision à partir d'exemples étiquetés en utilisant des mesures de gain d'information et d'entropie.

À la fin des années 1980 et au début des années 1990, les machines à vecteurs de support (SVM) ont gagné en popularité en tant que puissants algorithmes de reconnaissance des formes. Les SVM peuvent séparer différentes classes de données en trouvant un hyperplan optimal dans un espace à haute dimension. Ils se sont avérés efficaces dans diverses applications, notamment la classification d'images et l'analyse de textes.

En outre, le domaine des réseaux neuronaux a connu une résurgence avec le développement de la rétropropagation, un algorithme d'apprentissage qui permet de former des réseaux neuronaux profonds. La rétropropagation consiste à ajuster les poids des connexions dans un réseau neuronal afin de minimiser la différence entre les sorties prédites et les sorties réelles.

Ces premiers développements dans le domaine de l'apprentissage automatique et de la reconnaissance des formes ont ouvert la voie aux progrès rapides de l'IA et de l'automatisation qui ont suivi. Ils ont fourni les principes et techniques fondamentaux qui continuent à façonner le domaine aujourd'hui.

Il est important de noter que ces premières approches ont jeté les bases d'algorithmes et de modèles plus avancés qui sont apparus au cours des années suivantes. Le domaine de l'apprentissage automatique continue d'évoluer, avec l'apprentissage profond, l'apprentissage par renforcement et d'autres techniques avancées qui repoussent les limites de ce que les machines peuvent apprendre et accomplir.

Les développements dans le domaine de l'apprentissage automatique et de la reconnaissance des formes ont démontré le potentiel des machines à apprendre, à reconnaître des formes et à prendre des décisions intelligentes basées sur des données. Ces progrès ont ouvert la voie à l'impact transformateur de l'IA et de l'automatisation dans divers secteurs et applications. L'émergence des systèmes experts et leurs applications.

L'émergence des systèmes experts dans le domaine de l'intelligence artificielle (IA) a marqué une évolution importante dans les années 1970 et 1980. Les systèmes experts visaient à imiter l'expertise humaine dans des domaines spécifiques, en permettant aux ordinateurs de raisonner et de prendre des décisions sur la base de connaissances et de règle. Cette approche innovante a eu un impact profond sur diverses applications et industries.

Les systèmes experts ont été conçus pour capturer les connaissances et les capacités de résolution de problèmes des experts humains et les représenter dans un format informatisé. Ces systèmes se composent d'une base de connaissances, qui stocke des informations spécifiques à un domaine, et d'un moteur d'inférence, qui utilise des règles logiques pour faire des déductions et tirer des conclusions. L'un des premiers systèmes experts influents est MYCIN, développé dans les années 1970 par Edward

Shortliffe à l'université de Stanford. MYCIN a été conçu pour aider à diagnostiquer les infections bactériennes et recommander les traitements appropriés. Il utilisait une approche basée sur des règles, dans laquelle un ensemble de règles dérivées de connaissances spécialisées guidait le processus de raisonnement du système.

Le succès de MYCIN a démontré le potentiel des systèmes experts dans des domaines complexes. Il a ouvert la voie au développement de systèmes experts dans divers domaines, notamment la médecine, l'ingénierie, la finance, etc. Dans le domaine médical, les systèmes experts ont trouvé des applications dans le diagnostic et la planification des traitements. Ils pouvaient analyser les symptômes et les antécédents médicaux des patients afin de suggérer des maladies potentielles ou de recommander des traitements appropriés. Ces systèmes constituent de précieux outils d'aide à la décision pour les professionnels de la santé et contribuent à des interventions médicales précises et opportunes.

Les systèmes experts ont également joué un rôle dans l'ingénierie et la conception. Ils peuvent contribuer à des tâches telles que le diagnostic des défaillances, le contrôle de la qualité et l'optimisation des systèmes. En s'appuyant sur l'expertise d'ingénieurs chevronnés, ces systèmes fournissent des informations et des recommandations précieuses pour améliorer les processus et résoudre les problèmes.

Dans le secteur financier, les systèmes experts ont été utilisés pour des tâches telles que l'évaluation des risques, le conseil en investissement et la détection des fraudes. Ils pouvaient analyser les tendances du marché, les données historiques et les facteurs de risque afin de recommander des stratégies d'investissement ou d'identifier les transactions suspectes. En outre, les systèmes experts ont trouvé des applications dans divers domaines, notamment l'agriculture, la géologie, la logistique, etc. Par exemple, dans l'agriculture, ces systèmes peuvent donner des indications sur la gestion des cultures, la lutte contre les parasites et l'allocation optimale des ressources en fonction des conditions du sol et des données climatiques.

Le développement et le déploiement des systèmes experts ont également rencontré des difficultés. La saisie et la formalisation de l'expertise humaine ont nécessité des efforts considérables, et les bases de connaissances ont dû être mises à jour en permanence pour suivre l'évolution des domaines. L'évolutivité et la maintenance de ces systèmes étaient également des préoccupations. Cependant, malgré les défis, les systèmes experts ont démontré leur valeur en fournissant des connaissances spécifiques à un domaine et une aide à la décision. Ils ont mis en évidence le potentiel de l'IA pour accroître l'expertise humaine et améliorer les processus de prise de décision dans divers secteurs.

Au fil du temps, les progrès réalisés dans d'autres sous-domaines de l'IA, tels que l'apprentissage automatique et le traitement du langage naturel, ont contribué à l'évolution des techniques d'IA au-delà des systèmes experts basés sur des règles. Néanmoins, l'émergence des systèmes experts a joué un rôle essentiel dans la présentation des applications pratiques de l'IA et a ouvert la voie aux développements ultérieurs dans ce domaine. Aujourd'hui, même si les systèmes experts ne sont plus aussi répandus qu'autrefois, leur héritage est visible dans les applications modernes de l'IA, telles que les chatbots, les systèmes de recommandation et les assistants virtuels. Les fondements posés par les systèmes experts continuent d'influencer et de façonner le domaine de l'IA, en stimulant l'innovation et le progrès dans divers domaines.

3 - Les percées dans le traitement du langage naturel et la reconnaissance vocale.

Les récents progrès technologiques ont permis des avancées significatives dans deux domaines clés : le traitement du langage naturel (TLN) et la reconnaissance vocale. Ces avancées ont révolutionné la manière dont les ordinateurs comprennent et interagissent avec le langage humain, ouvrant ainsi de nouvelles possibilités pour diverses applications. Dans cet article, nous explorerons le processus à l'origine de ces percées et leurs implications pour diverses industries.

Traitement du langage naturel (NLP) :

Le traitement du langage naturel est un domaine de l'intelligence artificielle qui vise à permettre aux ordinateurs de comprendre, d'interpréter et de produire du langage humain. Le processus à l'origine des percées dans le domaine du traitement du langage naturel comprend généralement les étapes suivantes :

Collecte de données :

D'importants volumes de données textuelles sont collectés à partir de diverses sources, telles que des livres, des articles, des sites web et des médias sociaux. Cet ensemble de données diversifiées est essentiel pour l'entraînement des modèles de NLP.

Prétraitement :

Les données collectées subissent un prétraitement, qui consiste à nettoyer et à normaliser le texte, à supprimer les informations non pertinentes et à le transformer en unités plus petites, telles que des mots ou des sous-mots.

Formation de modèles linguistiques :

Les modèles NLP, tels que les architectures basées sur des transformateurs comme BERT ou GPT, sont formés sur des quantités massives de données textuelles à l'aide de techniques telles que l'apprentissage non supervisé. Ces modèles apprennent à comprendre le contexte, la sémantique et la syntaxe du langage humain.

Ajustement et apprentissage par transfert :

Les modèles préformés peuvent être affinés pour des tâches spécifiques, telles que l'analyse des sentiments, la réponse aux questions ou la classification des textes. Les techniques d'apprentissage par transfert permettent aux modèles d'exploiter les connaissances acquises à partir d'un grand modèle linguistique général et de les appliquer à des tâches spécifiques à l'aide
D'ensembles de données plus petits et spécifiques à ces tâches.

Évaluation et itération :

Les modèles entraînés sont évalués sur des ensembles de données de référence afin de mesurer leurs performances et d'évaluer leur capacité à comprendre et à générer du langage humain. Des améliorations itératives sont apportées sur la base des résultats de l'évaluation.

Reconnaissance de la parole :

La technologie de la reconnaissance vocale vise à convertir le langage parlé en texte écrit. Les percées dans le domaine de la reconnaissance vocale impliquent les étapes suivantes :

Collecte de données :

Des ensembles de données à grande échelle contenant des enregistrements audios de la parole humaine sont collectés. Ces ensembles de données peuvent inclure des enregistrements de différents locuteurs, accents et langues afin de garantir la diversité.

9. Transcription et étiquetage :

Les données audios collectées sont transcrites en texte écrit, ce qui permet de créer des paires alignées d'enregistrements audio et de transcriptions correspondantes. Ces ensembles de données étiquetées sont utilisés pour entraîner les modèles de reconnaissance vocale.

10. Modélisation acoustique :

Les modèles de reconnaissance vocale, tels que les réseaux neuronaux récurrents (RNN) ou les réseaux neuronaux convolutifs (CNN), sont entraînés sur les données audio étiquetées. Les modèles apprennent à analyser les caractéristiques acoustiques de la parole, telles que les phonèmes, l'intonation et le rythme.

Modélisation du langage :

Les modèles linguistiques sont incorporés dans le système de reconnaissance vocale pour améliorer la précision en tenant compte du contexte et de la grammaire de la langue parlée. Ces modèles permettent de gérer les ambiguïtés et de faire des prédictions plus précises.

Décodage et post-traitement :

Les modèles entraînés effectuent le décodage, c'est-à-dire qu'ils génèrent une séquence de mots sur la base de l'audio d'entrée. Des techniques de post-traitement, telles que le recalage de modèles linguistiques ou des méthodes statistiques, sont appliquées pour affiner les résultats et améliorer la précision.

Apprentissage continu et adaptation :

Les systèmes de reconnaissance vocale peuvent faire l'objet d'un apprentissage continu en intégrant le retour d'information de l'utilisateur et en s'adaptant à des domaines spécifiques ou aux caractéristiques du locuteur. Cela permet d'améliorer la précision et l'expérience de l'utilisateur au fil du temps. Les percées dans le domaine de la PNL et de la reconnaissance vocale ont de nombreuses implications dans divers secteurs d'activité :

Assistants virtuels :

Les progrès du NLP permettent aux assistants virtuels tels que Siri, Alexa ou Google Assistant de comprendre les commandes de l'utilisateur et d'y répondre de manière plus précise et plus naturelle.

Chatbots et service clientèle :

Les chatbots alimentés par le NLP peuvent comprendre les demandes des clients et y répondre, ce qui permet d'offrir un service client efficace et personnalisé.

Traduction linguistique :

Les modèles NLP facilitent la traduction en temps réel, supprimant les barrières linguistiques et permettant une communication transparente entre des personnes parlant des langues différentes.

Services de transcription :

L'amélioration de la reconnaissance vocale permet d'améliorer la qualité de la transcription.

4 - L'essor des réseaux neuronaux et des algorithmes d'apprentissage profond.

Ces dernières années, la popularité et l'efficacité des réseaux neuronaux et des algorithmes d'apprentissage profond ont connu un essor remarquable. Ces avancées ont révolutionné le domaine de l'intelligence artificielle (IA) et ont conduit à des percées significatives dans divers domaines. Dans cet article, nous allons explorer ce que les réseaux neuronaux et l'apprentissage profond impliquent et leur impact sur les applications de l'IA.

Réseaux neuronaux :

Les réseaux neuronaux sont des modèles informatiques inspirés de la structure et du fonctionnement du cerveau humain. Ils sont composés de nœuds interconnectés, appelés neurones, organisés en couches. Les éléments clés des réseaux neuronaux sont les suivants

Couche d'entrée :

La couche d'entrée reçoit les données initiales ou les caractéristiques qui sont introduites dans le réseau. Chaque neurone de la couche d'entrée représente une caractéristique d'entrée spécifique.

Couches cachées :

Les réseaux neuronaux contiennent souvent une ou plusieurs couches cachées entre les couches d'entrée et de sortie. Ces couches aident le réseau à apprendre des représentations et des modèles complexes à partir des données d'entrée.

Couche de sortie :

La couche de sortie fournit les prédictions ou classifications finales basées sur les représentations apprises. Le nombre de neurones dans la couche de sortie dépend de la tâche spécifique pour laquelle le réseau est conçu.

Fonctions d'activation :

Chaque neurone d'un réseau neuronal applique une fonction d'activation à ses entrées, introduisant ainsi des non-linéarités dans les calculs du réseau. Les fonctions d'activation les plus courantes sont la sigmoïde, la ReLU (Rectified Linear Unit) et la softmax.

Apprentissage profond :

L'apprentissage en profondeur est un sous-domaine de l'apprentissage automatique qui se concentre sur la formation de réseaux neuronaux profonds à couches multiples. Il exploite la puissance de ces architectures profondes pour apprendre les représentations hiérarchiques des données. Les algorithmes d'apprentissage profond excellent dans l'extraction automatique de caractéristiques et de modèles complexes à partir de grandes quantités de données, ce qui leur permet de résoudre des tâches complexes. Les principaux aspects de l'apprentissage profond sont les suivants.

Processus de formation :

Les algorithmes d'apprentissage profond apprennent en ajustant itérativement les poids et les biais du réseau neuronal afin de minimiser la différence entre les sorties prédites et attendues. Ce processus, connu sous le nom de rétropropagation, utilise des techniques d'optimisation telles que la descente de gradient stochastique.

Apprentissage des caractéristiques :

Les algorithmes d'apprentissage profond apprennent de manière autonome les caractéristiques pertinentes des données d'entrée. Plutôt que de s'appuyer sur une ingénierie manuelle des caractéristiques, les réseaux profonds découvrent automatiquement des représentations de haut niveau qui sont utiles pour la tâche à accomplir.

Échelle et mégadonnées :

Les algorithmes d'apprentissage profond bénéficient de grands ensembles de données, car ils ont besoin de quantités substantielles de données étiquetées pour bien se généraliser. Avec l'avènement du big data et l'augmentation des ressources informatiques, l'apprentissage profond a gagné en importance en raison de sa capacité à traiter efficacement de grandes quantités d'informations.

Applications :

L'apprentissage profond a connu un succès remarquable dans divers domaines. Il a fait progresser de manière significative les tâches de vision artificielle, telles que la reconnaissance d'images et la détection d'objets, les tâches de traitement du langage naturel, y compris la traduction linguistique et l'analyse des sentiments, et s'est révélé prometteur dans des domaines tels que les soins de santé, la finance et la conduite autonome.

Implications :

L'essor des réseaux neuronaux et de l'apprentissage profond a entraîné des conséquences importantes :

Amélioration de la précision :

Les algorithmes d'apprentissage profond ont atteint des performances de pointe dans divers domaines, surpassant les méthodes traditionnelles d'apprentissage automatique. Ils ont fait preuve d'une précision remarquable dans des tâches telles que la classification d'images, la reconnaissance vocale et la compréhension du langage naturel.

Automatisation et efficacité :

L'apprentissage profond permet d'automatiser l'apprentissage des caractéristiques, réduisant ainsi le besoin d'ingénierie manuelle des caractéristiques. Cela permet de développer des systèmes d'IA plus efficaces et plus évolutifs.

Reconnaissance de modèles complexes :

L'apprentissage profond excelle dans l'extraction de modèles complexes à partir de données, ce qui permet aux systèmes d'IA de comprendre et d'interpréter des relations complexes qui étaient auparavant difficiles à saisir.

Progrès dans les applications de l'IA :

L'adoption généralisée de l'apprentissage profond a favorisé les progrès dans les applications de l'IA, ce qui a permis d'améliorer les assistants virtuels, les véhicules autonomes, les recommandations personnalisées, etc.

Conclusion

Les réseaux neuronaux et les algorithmes d'apprentissage profond ont révolutionné le domaine de l'IA, permettant aux machines d'apprendre et d'effectuer des tâches qui étaient auparavant considérées comme difficiles. La capacité des réseaux neuronaux à apprendre des représentations hiérarchiques et des architectures profondes a permis des percées en matière de précision et d'automatisation.

5 - L'impact de l'IA et de l'automatisation sur les industries manufacturières.

L'IA et l'automatisation ont un impact considérable sur les industries manufacturières. Selon une étude de Siemens France, l'intelligence artificielle ouvre de formidables perspectives à l'industrie en rendant la production plus efficace, plus flexible et plus fiable que jamais.

Selon une étude de Siemens France, l'intelligence artificielle ouvre de formidables perspectives à l'industrie en rendant la production plus efficace, plus flexible et plus fiable que jamais. Avec la numérisation croissante de l'industrie, l'entreprise numérique est devenue une réalité. Les données sont générées, traitées et analysées en continu. Les gros volumes de données collectés dans les environnements de production permettent de générer des représentations virtuelles des installations industrielles. Ces jumeaux numériques permettent de planifier et de concevoir des produits et des machines de manière plus flexible et efficace, et de fabriquer plus rapidement des produits individualisés de haute qualité et à un prix abordable.

L'IA a déjà permis d'accomplir de grands progrès en matière de performances matérielles et logicielles, de puissance, de calcul et de transmission de données. Son utilisation ouvre aujourd'hui des perspectives inédites en matière de production flexible et efficace, notamment lorsqu'il s'agit de fabriquer en petits lots des produits de plus en plus complexes et individualisés.

Oui, l'intelligence artificielle (IA) devrait continuer à avoir un impact significatif sur les entreprises de divers secteurs. Les technologies de l'IA offrent de nombreux avantages, notamment une efficacité accrue, une meilleure prise de décision, une expérience client améliorée et l'automatisation des tâches répétitives. En matière d'efficacité, l'IA peut rationaliser les processus en automatisant les tâches de routine, ce qui permet aux employés de se concentrer sur des activités plus complexes et stratégiques.

Les capacités d'analyse et de traitement des données alimentées par l'IA permettent aux organisations d'extraire des informations précieuses de vastes ensembles de données, ce qui les aide à prendre des décisions fondées sur des données. En analysant les modèles et les tendances, les systèmes d'IA peuvent fournir des recommandations et des prédictions précieuses, ce qui permet aux entreprises d'optimiser leurs opérations et de stimuler l'innovation. En outre, l'IA peut améliorer l'expérience des clients en personnalisant les interactions et en adaptant les produits et services aux préférences individuelles. Les chatbots et les assistants virtuels, par exemple, peuvent fournir une assistance et un support client en temps réel, améliorant ainsi les niveaux de satisfaction et réduisant les temps de réponse. Il est important de noter que l'impact de l'IA sur les entreprises variera en fonction de l'industrie spécifique, de la préparation de l'organisation à l'adoption de l'IA et des considérations éthiques entourant la mise en œuvre de l'IA. Les entreprises doivent examiner attentivement les avantages et les défis potentiels de l'intégration de l'IA dans leurs stratégies commerciales tout en garantissant la transparence, l'équité ainsi que son utilisation responsable.

Les avantages pour les entreprises

L'une des plus grandes cartes maitresses de l'utilisation de l'intelligence artificielle en entreprise est l'automatisation. Pour les tâches redondantes qui prennent beaucoup de temps, c'est tout simplement la meilleure solution. L'IA augmente la productivité et réduit les risques d'erreurs. L'IA et l'automatisation ont bien plus à offrir aux entreprises et à la société que ce que les spéculations négatives ne laissent penser. Le monde de l'emploi va évoluer et s'adapter avec la création de nouveaux rôles et de nouvelles carrières. La société va se transformer pour s'engager dans une nouvelle ère industrielle où le potentiel que renferme l'automatisation en termes de productivité, de fabrication et d'analyse.
Son automatisation peut entraîner des conséquences négatives pour les travailleurs dans certains secteurs. Cinq métiers semblent plus menacés que les autres par l'intelligence artificielle et l'automatisation. Ils pourraient disparaître dans le courant du XXIe siècle Cependant, il est important de noter que l'IA et l'automatisation peuvent également créer de nouveaux emplois et opportunités pour les travailleurs. Le monde de l'emploi va évoluer et s'adapter avec la création de nouveaux rôles et de nouvelles carrières.

Les métiers les plus menacés

Cinq métiers semblent plus menacés que d'autres par l'IA et l'automatisation. Ils pourraient disparaître dans le courant du XXIe siècle. Les métiers qui risquent de disparaître sont ceux dont les tâches sont automatisables et ceux qui ont effectivement connu une baisse de leurs effectifs. Les employés de banque et d'assurance sont les plus menacés selon l'Institut Sapiens. Leurs effectifs sont passés de 356.000 en 1986 à 221.000 en 2016 soit une diminution de 39 %. Les autres métiers menacés incluent les employés de la comptabilité, les secrétaires de bureautique et de direction, les caissiers et employés de libre-service, et les ouvriers manutentionnaires.

Comment les travailleurs peuvent s'adapter à l'IA et l'automatisation

Les travailleurs peuvent s'adapter à ces changements en développant leurs compétences numériques et en se formant aux nouvelles technologies. Il est important pour les travailleurs de rester à jour avec les dernières avancées technologiques et de continuer à apprendre tout au long de leur carrière. Les entreprises et les gouvernements peuvent également jouer un rôle important en aidant les travailleurs à s'adapter à ces changements. Ils peuvent offrir des programmes de formation et de développement des compétences pour aider les travailleurs à acquérir les compétences nécessaires pour travailler avec l'IA et l'automatisation.

Quels sont les programmes de formation disponibles pour les travailleurs?

Il existe plusieurs programmes de formation disponibles pour les travailleurs qui souhaitent développer leurs compétences en IA et en automatisation. Par exemple, Scale AI offre des programmes de formation et des cours sur l'IA au Québec pour les particuliers et les entreprises. Les CPA peuvent également suivre des formations sur l'IA et l'automatisation offertes par CPA Canada.

Il est important pour les travailleurs de se renseigner sur les programmes de formation disponibles dans leur région et dans leur domaine d'expertise pour s'assurer qu'ils acquièrent les compétences nécessaires pour s'adapter aux changements technologiques.

Quels sont les coûts associés à ces programmes de formation?

Les coûts des programmes de formation en IA et en automatisation varient en fonction du programme et de l'organisation qui l'offre. Par exemple, Scale AI offre un soutien financier pour contribuer à perfectionner les compétences en matière d'intelligence artificielle et numérique partout au pays. Ils soutiennent les professionnels en assumant 50 % des frais d'inscription à des cours de formation accrédités via les programmes de formation de leurs partenaires.

Il est important pour les travailleurs de se renseigner sur les coûts des programmes de formation disponibles dans leur région et dans leur domaine d'expertise pour s'assurer qu'ils acquièrent les compétences nécessaires pour s'adapter aux changements technologiques.

Quels sont les exemples d'entreprises qui utilisent l'IA et l'automatisation?

De nombreuses entreprises qui utilisent l'IA et l'automatisation pour améliorer leur efficacité et leur productivité. Parmi les plus grandes entreprises d'intelligence artificielle dans le monde, on peut citer Amazon Web Service, Microsoft Azure et IBM Cloud et j'en passe. Ces entreprises utilisent l'IA et l'automatisation pour perfectionner leurs processus internes, mais elles offrent également des services d'IA et d'automatisation à d'autres entreprises. Par exemple, Amazon Web Service propose des outils de gouvernance, de gestion du Big Data et d'IA sur sa plateforme cloud

6 - L'automatisation dans l'agriculture et ses effets sur la production alimentaire.

L'automatisation dans l'agriculture fait référence à l'utilisation de diverses technologies, notamment la robotique, les drones, les capteurs et l'IA, pour automatiser et optimiser les opérations agricoles. Cela peut avoir un impact significatif sur la production alimentaire de plusieurs façons: Efficacité accrue : Les technologies d'automatisation permettent aux agriculteurs d'effectuer des tâches de manière plus efficace et plus précise. Par exemple, les robots peuvent être utilisés pour planter des graines, appliquer des engrais et des pesticides et récolter les cultures. Cela permet d'améliorer la productivité et de réduire les coûts de main-d'œuvre en rationalisant les opérations.

Agriculture de précision :

L'automatisation permet une surveillance et un contrôle précis des processus agricoles. Les capteurs et les drones peuvent collecter des données sur l'état des sols, les niveaux d'humidité et la santé des cultures, fournissant ainsi des informations en temps réel. Les agriculteurs peuvent alors ajuster l'irrigation, la fertilisation et les autres intrants en conséquence, optimisant ainsi l'utilisation des ressources et le rendement des cultures.

Amélioration de la productivité :

En automatisant les tâches répétitives et physiquement exigeantes, telles que le désherbage et la récolte, l'automatisation libère la main-d'œuvre humaine pour des rôles plus spécialisés et stratégiques. Cela peut conduire à une augmentation de la productivité et permettre aux agriculteurs de se concentrer sur des activités à plus forte valeur ajoutée telles que la planification des cultures, le contrôle de la qualité et l'analyse du marché.

Amélioration de la durabilité :

L'automatisation peut contribuer à des pratiques agricoles durables. En appliquant avec précision des intrants tels que l'eau, les engrais et les pesticides, les agriculteurs peuvent réduire les déchets et minimiser l'impact sur l'environnement. En outre, les systèmes de surveillance automatisés peuvent détecter les infestations de parasites ou les épidémies et y réagir rapidement, ce qui permet d'éviter leur propagation et de minimiser Les pertes de récoltes.

Défis en matière de main-d'œuvre :

L'utilisation de l'automatisation dans l'agriculture peut réduire la demande de travail manuel, ce qui peut avoir un impact sur les communautés rurales qui dépendent fortement de l'agriculture pour l'emploi. Cependant, elle crée également de nouvelles opportunités d'emploi liées au développement, à la maintenance et au fonctionnement des technologies d'automatisation.

Sécurité et qualité des aliments :

L'automatisation peut améliorer la sécurité alimentaire en minimisant les erreurs humaines et les risques de contamination. Par exemple, les systèmes automatisés de tri et d'emballage peuvent garantir une qualité constante et réduire la présence de contaminants dans les produits récoltés. Dans l'ensemble, l'automatisation dans l'agriculture a le potentiel de révolutionner la production alimentaire en augmentant l'efficacité, la précision et la durabilité. Elle peut aider à relever des défis tels que la pénurie de main-d'œuvre, optimiser l'utilisation des ressources et contribuer à la production d'aliments plus sûrs et de meilleure qualité. Toutefois, une planification, des investissements et une formation minutieux sont nécessaires pour garantir l'adoption et l'intégration réussies des technologies d'automatisation dans les pratiques agricoles.

7 - Les assistants virtuels alimentés par l'IA et leur intégration dans la vie quotidienne.

Les assistants virtuels alimentés par l'IA sont des logiciels avancés conçus pour interagir avec les utilisateurs, comprendre leurs commandes ou leurs questions, et fournir des informations pertinentes ou exécuter des tâches. Ces assistants utilisent l'intelligence artificielle, le traitement du langage naturel et des algorithmes d'apprentissage automatique pour comprendre et répondre aux questions ou aux commandes humaines.

L'intégration des assistants virtuels dans la vie quotidienne :

L'intégration des assistants virtuels dans la vie quotidienne est devenue de plus en plus courante en raison de l'essor des appareils intelligents tels que les smartphones, les haut-parleurs intelligents et d'autres appareils IoT (Internet des objets). Voici quelques aspects clés de :

Interaction basée sur la voix :

Les assistants virtuels tels que Siri, Google Assistant et Amazon Alexa peuvent être activés par des commandes vocales, ce qui permet aux utilisateurs de poser des questions, de demander des informations ou d'effectuer des tâches en mode mains libres. Cette interaction vocale permet aux utilisateurs d'accéder à des informations ou d'effectuer des actions tout en étant occupés à d'autres activités.

Automatisation des tâches :

Les assistants virtuels peuvent automatiser diverses tâches, telles que l'établissement de rappels, l'envoi de messages, les appels téléphoniques, la planification de rendez-vous et le contrôle d'appareils domestiques intelligents. Cette automatisation permet aux utilisateurs de gagner du temps et d'économiser des efforts, ce qui rend les Activités quotidiennes plus efficaces.

Recherche d'informations :

Les assistants virtuels peuvent effectuer des recherches sur internet ou accéder à des bases de données spécifiques pour fournir aux utilisateurs des informations sur un large éventail de sujets. Les utilisateurs peuvent poser des questions, obtenir des informations météorologiques, consulter les résultats sportifs, trouver des itinéraires, etc. Cette fonction permet d'accéder rapidement à l'information sans avoir à effectuer de recherches manuelles.

Recommandations personnalisées :

Les assistants virtuels peuvent apprendre les préférences de l'utilisateur au fil du temps et fournir des recommandations personnalisées basées sur le comportement et les interactions passés. Par exemple, ils peuvent suggérer des films, de la musique ou des restaurants en fonction des préférences individuelles et des choix précédents.

Intégration avec d'autres applications et services :

Les assistants virtuels peuvent s'intégrer à toute une série d'applications et de services, ce qui permet aux utilisateurs d'effectuer des actions ou d'accéder à des informations sur plusieurs plateformes. Ils peuvent commander des repas, réserver des trajets, écouter de la musique, vérifier les événements du calendrier et effectuer de nombreuses autres tâches en se connectant aux applications prises en charge.

Contrôle de la maison intelligente :

Les assistants virtuels peuvent contrôler les appareils domestiques intelligents, tels que les thermostats, les lumières, les systèmes de sécurité et les systèmes de divertissement. Les utilisateurs peuvent donner des commandes vocales pour ajuster les paramètres, allumer ou éteindre les appareils, ou créer des routines d'automatisation pour Divers scénarios.

Dans l'ensemble, l'intégration d'assistants virtuels dotés d'IA dans la vie quotidienne simplifie les tâches, permet d'accéder rapidement aux informations et améliore la commodité. À mesure que la technologie progresse, les assistants virtuels devraient jouer un rôle encore plus important dans divers aspects de notre vie quotidienne, en rendant les interactions avec la technologie plus naturelles et plus intuitives.

8 - Le rôle de l'IA dans les soins de santé et les diagnostics médicaux.

L'IA joue un rôle crucial dans les soins de santé et les diagnostics médicaux, offrant divers avantages et avancées dans ce domaine. Voici quelques aspects clés du rôle de l'IA dans les soins de santé :

L'imagerie médicale et les diagnostics :

Les algorithmes d'IA peuvent analyser avec une grande précision des images médicales telles que les radiographies, les IRM, les tomodensitogrammes et les mammographies. En s'appuyant sur des techniques d'apprentissage automatique, l'IA peut contribuer à la détection et au diagnostic de diverses pathologies, notamment les tumeurs, les fractures, les maladies cardiovasculaires et les anomalies. L'IA peut aider les radiologues et les cliniciens en leur apportant des informations supplémentaires et en améliorant l'efficacité et la précision des diagnostics.

Prédiction des maladies et évaluation des risques :

L'IA peut analyser de grands volumes de données sur les patients, y compris les dossiers médicaux électroniques (DME), les informations génétiques, les facteurs liés au mode de vie et la littérature médicale, afin d'identifier des modèles et de prédire les risques de maladie. En tirant parti de l'analyse prédictive, les algorithmes d'IA peuvent aider à identifier les personnes présentant un risque plus élevé de développer certaines conditions, ce qui permet des interventions proactives et des plans de soins personnalisés.

Médecine de précision et optimisation des traitements :

Les algorithmes d'IA peuvent analyser des données biologiques et génétiques complexes afin d'identifier des modèles, des biomarqueurs et des réponses aux traitements. Cela permet d'élaborer des plans de traitement personnalisés basés sur les caractéristiques uniques et les antécédents médicaux d'un individu. L'IA peut également contribuer à la découverte et au développement de médicaments en analysant de grandes quantités de données biomédicales, accélérant ainsi l'identification de thérapies potentielles.

Surveillance à distance des patients et télémédecine :

Les dispositifs alimentés par l'IA et les technologies portables peuvent surveiller en permanence les indicateurs de santé des patients, tels que la fréquence cardiaque, la pression artérielle, les niveaux de glucose et les habitudes de sommeil. Ces dispositifs peuvent alerter les prestataires de soins de santé en cas d'anomalie ou de changement, ce qui permet d'intervenir à temps et de surveiller les patients à distance. L'IA peut également soutenir la télémédecine en facilitant les consultations virtuelles, en fournissant une aide à la décision aux prestataires de soins de santé et en analysant les données des patients à distance.

Optimisation des systèmes de santé :

L'IA peut contribuer à l'optimisation des opérations de soins de santé et de la gestion des ressources. Par exemple, les algorithmes d'IA peuvent aider les hôpitaux et les cliniques à rationaliser la programmation des patients, à gérer l'occupation des lits et à prévoir le flux de patients. L'IA peut également soutenir l'analyse des données sur la santé de la population afin d'identifier les tendances, les épidémies et les problèmes de santé publique, contribuant ainsi à une planification efficace des soins de santé et à l'allocation des ressources.

Chatbots et assistants virtuels :

Les chatbots et les assistants virtuels alimentés par l'IA peuvent assurer le triage initial et le soutien en interagissant avec les patients, en répondant à leurs questions et en leur fournissant des informations de base sur les soins de santé. Ces systèmes conversationnels d'IA peuvent contribuer à alléger la charge des professionnels de santé et à fournir des informations opportunes aux patients. Il est important de noter que si l'IA a le potentiel d'améliorer considérablement les soins de santé, elle devrait toujours être utilisée comme un outil pour soutenir et renforcer les professionnels de la santé plutôt que de les remplacer. Les considérations éthiques, la confidentialité des données et les cadres réglementaires sont essentiels à l'intégration responsable de l'IA dans les soins de santé afin de garantir la sécurité des patients et leur confiance dans la technologie.

9 - Les véhicules autonomes et l'avenir des transports.

Les véhicules autonomes, également connus sous le nom de voitures auto-conduites ou voitures sans conducteur, représentent une technologie transformatrice ayant des implications significatives pour l'avenir des transports. Voici quelques aspects clés concernant les véhicules autonomes et leur impact potentiel.

Sécurité et réduction des accidents :

L'une des principales promesses des véhicules autonomes est la possibilité d'améliorer considérablement la sécurité routière. En éliminant l'erreur humaine, qui est l'une des principales causes d'accident, les véhicules autonomes peuvent réduire le nombre d'accidents de la route et de décès. Ces véhicules sont équipés de capteurs, de caméras et d'algorithmes d'intelligence artificielle avancés qui leur permettent de percevoir leur environnement et d'y réagir, en prenant des décisions en temps réel pour naviguer en toute sécurité.

Efficacité accrue et réduction des embouteillages :

Les véhicules autonomes peuvent optimiser les flux de circulation, réduisant ainsi les embouteillages et les temps de trajet. Grâce à la communication de véhicule à véhicule (V2V) et de véhicule à infrastructure (V2I), les véhicules autonomes peuvent coordonner leurs mouvements, suivre des itinéraires optimaux et ajuster leur vitesse en conséquence. Cette coordination peut permettre de fluidifier le trafic, de réduire les goulets d'étranglement et d'améliorer l'efficacité globale des transports.

Accessibilité et services de mobilité :

Les véhicules autonomes ont le potentiel d'accroître l'accessibilité et les options de mobilité pour diverses populations. Pour les personnes qui ne peuvent pas conduire, comme les personnes âgées ou handicapées, le véhicule autonome peut offrir une nouvelle indépendance et une nouvelle liberté de mouvement. En outre, les véhicules autonomes peuvent être intégrés dans des services de covoiturage ou de transport à la demande, offrant ainsi des solutions de mobilité pratiques et rentables.

Impact sur l'environnement :

L'adoption des véhicules autonomes pourrait entraîner des répercussions positives sur l'environnement. En optimisant les itinéraires et la circulation, les véhicules autonomes peuvent contribuer à réduire la consommation de carburant et les émissions. En outre, l'essor des véhicules autonomes électriques peut contribuer à une diminution des émissions de gaz à effet de serre, en particulier si l'infrastructure de recharge se généralise.

Transformation des industries :

Les véhicules autonomes ont le potentiel de perturber diverses industries au-delà du transport. Les services de livraison pourraient être révolutionnés, car les véhicules autonomes permettent une livraison efficace et rentable du dernier kilomètre. En outre, le secteur de la logistique et du camionnage pourrait connaître des changements significatifs lorsque les camions autonomes deviendront une réalité, améliorant l'efficacité et réduisant le besoin de conducteurs humains.

Considérations éthiques et réglementations :

Le développement et le déploiement des véhicules autonomes soulèvent d'importantes considérations éthiques. Par exemple, déterminer comment les véhicules autonomes devraient réagir dans des scénarios d'accidents inévitables présente des défis éthiques complexes. En outre, il est essentiel d'établir des cadres réglementaires et des normes pour répondre aux préoccupations en matière de sécurité, de responsabilité et de confidentialité des données associées aux véhicules autonomes. Si l'avenir des transports passe probablement par les véhicules autonomes, leur adoption à grande échelle et leur intégration dans la société nécessiteront des progrès considérables en matière de technologie, d'infrastructure et de cadres réglementaires. La collaboration entre les parties prenantes, y compris les agences gouvernementales, les fabricants et les entreprises technologiques, est essentielle pour garantir la sécurité des véhicules autonomes.

Planification urbaine et infrastructure :

L'intégration des véhicules autonomes nécessitera des ajustements au niveau de la planification urbaine et de l'infrastructure. Les villes intelligentes peuvent tirer parti des capacités des véhicules autonomes pour optimiser les réseaux de transport, réduire les embouteillages et améliorer la mobilité urbaine dans son ensemble. Des mises à jour de l'infrastructure, telles que des voies réservées, des systèmes intelligents de gestion du trafic et des réseaux de communication robustes, seront nécessaires pour soutenir l'intégration transparente des véhicules autonomes dans les systèmes de transport existants.

Impact économique :

L'adoption des véhicules autonomes peut avoir un impact économique significatif. Si elle peut perturber certaines industries et certains secteurs d'emploi, elle peut aussi créer de nouvelles opportunités d'emploi, en particulier dans le développement, la fabrication et l'entretien des véhicules autonomes et des technologies associées. En outre, l'augmentation de la productivité pendant les trajets domicile-travail et la réduction de la congestion peuvent avoir un impact positif sur la croissance économique.

Changements dans les habitudes de déplacement et la possession d'une voiture :

Les véhicules autonomes ont le potentiel de changer les habitudes de déplacement et de possession de voitures. Avec la disponibilité de services de véhicules autonomes à la demande, certaines personnes pourraient choisir de renoncer complètement à la possession d'une voiture, optant pour un moyen de transport pratique en cas de besoin. Cette évolution pourrait entraîner des changements dans l'industrie automobile, notamment une évolution vers des services basés sur des flottes plutôt que vers la vente de véhicules individuels.

Défis en matière de sécurité et de réglementation :

Si les véhicules autonomes offrent la possibilité d'améliorer la sécurité routière, les défis liés à la responsabilité et à la réglementation doivent être relevés. Il est essentiel d'établir des normes de sécurité, des protocoles d'essai et des cadres réglementaires solides pour garantir la sécurité de l'exploitation des véhicules autonomes.

10 - L'IA et l'automatisation dans le secteur financier.

L'IA et l'automatisation ont transformé le secteur financier, révolutionnant divers aspects de la banque, de l'investissement et de la gestion financière. Voici un aperçu de l'impact de l'IA et de l'automatisation sur le secteur financier.

Analyse des données et prises de décision :

Les technologies de l'IA peuvent analyser rapidement et avec précision de grandes quantités de données financières, ce qui permet de prendre de meilleures décisions. Les algorithmes d'IA peuvent détecter des modèles, identifier des anomalies et générer des informations à partir des données, aidant ainsi les institutions financières à prendre des décisions d'investissement éclairées, à évaluer les risques et à prédire les tendances du marché. L'efficience et l'efficacité de l'analyse financière s'en trouvent améliorées.

Détection des fraudes et sécurité :

Les systèmes alimentés par l'IA peuvent détecter et prévenir les activités frauduleuses en temps réel. Les algorithmes d'apprentissage automatique peuvent analyser les données historiques des transactions, identifier les schémas suspects ou les anomalies, et alerter les institutions financières sur les tentatives de fraude potentielles. En outre, l'IA peut améliorer la cybersécurité en détectant et en répondant aux menaces de cybersécurité, en aidant à protéger les informations financières sensibles et en prévenant les violations de données.

Service à la clientèle et personnalisation :

Les chatbots et les assistants virtuels alimentés par l'IA peuvent fournir une assistance et des conseils personnalisés aux clients dans le secteur financier. Ils peuvent aider les clients à répondre à des demandes de renseignements de base, fournir des informations sur les comptes et même offrir des conseils financiers en fonction des circonstances individuelles. Cela permet d'améliorer l'expérience des clients en leur offrant une assistance plus rapide, 24 heures sur 24 et 7 jours sur 7, ainsi que des recommandations sur mesure.

Robo-advisors et la gestion des investissements :

Les robo-advisors pilotés par l'IA offrent des services automatisés de gestion des investissements. Ces plateformes utilisent des algorithmes pour analyser les objectifs d'investissement individuels, la tolérance au risque et les conditions du marché afin de fournir des recommandations d'investissement personnalisées. Les robo-advisors offrent des solutions d'investissement rentables et accessibles, permettant aux particuliers de Gérer leurs portefeuilles avec une intervention humaine minimale.

Automatisation des processus et efficacité opérationnelle :

Les technologies d'automatisation rationalisent les tâches répétitives et basées sur des règles dans les processus financiers. Il s'agit notamment d'automatiser la saisie des données, le rapprochement des comptes, les contrôles de conformité et les rapports réglementaires. En réduisant, le travail manuel, l'IA et l'automatisation améliorent l'efficacité opérationnelle, réduisent les erreurs et libèrent des ressources humaines pour des tâches plus complexes et stratégiques.

Évaluation du risque et notation du crédit :

Les algorithmes d'IA peuvent analyser de vastes ensembles de données pour évaluer la solvabilité et les risques de prêt. En tirant parti de l'apprentissage automatique, les institutions financières peuvent prédire avec précision les scores de crédit, déterminer l'éligibilité des prêts et prendre des décisions de prêt éclairées. Cela permet une souscription de crédit plus efficace et contribue à élargir l'accès au crédit pour les particuliers et les entreprises.

La négociation et la négociation algorithmique :

Les algorithmes d'IA jouent un rôle important dans la négociation algorithmique, où des systèmes informatiques à grande vitesse exécutent des transactions sur la base de paramètres prédéfinis. L'IA peut analyser les données du marché, les nouvelles et d'autres facteurs afin d'identifier les opportunités de négociation et d'exécuter les transactions automatiquement. Cela permet d'améliorer la vitesse, l'efficacité et la précision de L'exécution des transactions.

Si l'IA et l'automatisation offrent de nombreux avantages au secteur financier, il est essentiel de tenir compte des considérations éthiques, de la confidentialité des données et de la conformité réglementaire. Les institutions financières doivent veiller à l'utilisation responsable de l'IA, à la transparence des décisions algorithmiques et au respect des réglementations applicables afin de maintenir la confiance et la sécurité dans le système financier.

11 - Les implications éthiques de l'IA et de la prise de décision automatisée.

Son utilisation croissante et celle des systèmes de prise de décision automatisés soulève d'importantes implications éthiques qu'il convient de prendre en compte. Voici quelques considérations éthiques clés associées à l'IA et à la prise de décision automatisée.

Équité et partialité :

Les algorithmes d'IA sont formés à partir de données historiques, ce qui peut introduire des biais présents dans les données. Si ces biais ne sont pas pris en compte, les systèmes d'IA peuvent perpétuer des résultats discriminatoires ou renforcer les inégalités sociales existantes. Il est essentiel de veiller à ce que les modèles d'IA soient conçus et formés de manière à promouvoir l'équité, à éviter les préjugés et à traiter tous les individus de manière équitable.

Transparence et explicabilité :

Les systèmes d'IA fonctionnent souvent comme des boîtes noires, ce qui rend difficile de comprendre comment ils parviennent à des décisions ou à des recommandations spécifiques. Le manque de transparence peut entraver la responsabilité, susciter des inquiétudes quant à l'équité et limiter la capacité des utilisateurs à contester ou à comprendre les décisions automatisées. Il est essentiel de garantir la transparence et l'explicabilité des algorithmes d'IA pour instaurer la confiance et permettre une prise de décision responsable.

Protection de la vie privée et des données :

Les systèmes d'IA s'appuient sur de grandes quantités de données, qui comprennent souvent des informations personnelles sensibles. Il est essentiel de protéger la vie privée des utilisateurs et de garantir des pratiques adéquates de traitement des données. Il est essentiel de trouver un équilibre entre l'utilisation des données pour le développement de l'IA tout en respectant les droits à la vie privée et en adhérant aux réglementations sur la protection des données afin de maintenir la confiance et de protéger La vie privée des individus.

Responsabilité :

À mesure que les systèmes d'IA deviennent plus autonomes et prennent des décisions critiques, des questions de responsabilité se posent. Il peut être complexe de déterminer qui est responsable des actions ou des conséquences d'un système d'IA. Des lignes directrices et des cadres juridiques clairs devraient être établis pour attribuer la responsabilité et garantir que les individus ou les organisations sont tenus responsables de tout dommage causé par les systèmes d'IA.

Supervision et contrôle humains :

Si l'automatisation peut apporter efficacité et précision, il est important d'assurer une surveillance et un contrôle humains appropriés des systèmes. L'implication humaine est nécessaire pour fixer les objectifs et les limites, surveiller le comportement du système et intervenir si nécessaire. Il est essentiel de trouver un juste équilibre entre la prise de décision automatisée et l'implication humaine pour maintenir des normes éthiques.

Chômage et impact sur la société :

L'automatisation de certaines tâches peut entraîner des déplacements d'emplois et avoir un impact sur les possibilités d'emploi. Il est important de prendre en compte les effets sociétaux potentiels d'une automatisation généralisée et de veiller à ce que des mesures soient mises en place pour soutenir les personnes concernées, telles que des programmes de reconversion ou la création de nouveaux emplois dans des domaines émergents.

Implications psychologiques et sociales :

Les systèmes d'IA qui interagissent avec les humains, tels que les chatbots ou les assistants virtuels, peuvent influencer le comportement et les émotions des humains. Des considérations éthiques doivent être prises en compte pour s'assurer que les systèmes d'IA ne manipulent ni n'exploitent les individus, qu'ils respectent leur autonomie et qu'ils donnent la priorité à leur bien-être. La prise en compte de ces implications éthiques nécessite une collaboration interdisciplinaire entre les technologues, les décideurs politiques, les éthiciens et les autres parties prenantes. Des lignes directrices, des normes et des cadres réglementaires doivent être établis pour promouvoir le développement et le déploiement responsables des systèmes d'IA tout en préservant les droits de l'homme, l'équité et les valeurs sociétales.

12 - L'impact de l'IA sur l'emploi et l'évolution du paysage professionnel.

Son impact sur l'emploi et l'évolution du paysage professionnel renvoie à l'idée que le développement et l'adoption des technologies d'intelligence artificielle pourraient modifier de manière significative la nature du travail et le marché de l'emploi. D'une part, l'IA pourrait créer de nouvelles opportunités d'emploi dans des domaines tels que l'analyse de données, l'apprentissage automatique et le développement de logiciels.

Analyste de données :

Cette technologie génère de grandes quantités de données, et les analystes de données sont nécessaires pour analyser, interpréter et tirer des enseignements de ces données.

Ingénieur en apprentissage automatique :

Les ingénieurs en apprentissage automatique développent et mettent en œuvre des algorithmes qui permettent aux machines d'apprendre et d'améliorer leurs performances sur la base de données.

Développeur de logiciels :

Les technologies de l'IA nécessitent des programmes logiciels complexes pour fonctionner, et les développeurs de logiciels sont nécessaires pour concevoir, construire et maintenir ces programmes.

Spécialiste du traitement du langage naturel (NLP) :

Le traitement du langage naturel est un sous-domaine de l'IA qui vise à permettre aux machines de comprendre le langage humain. Les spécialistes du traitement du langage naturel sont nécessaires pour développer et mettre en œuvre des algorithmes et des technologies de traitement du langage naturel.

Ingénieur en robotique :

Les ingénieurs en robotique conçoivent et développent des robots capables d'effectuer des tâches dans divers secteurs, tels que la fabrication, les soins de santé et les transports.

Éthicien de l'IA :

l'IA devenant de plus en plus répandue, il y a un besoin croissant de professionnels capables de répondre aux préoccupations éthiques liées à son utilisation.

Formateur en IA :

Les modèles d'IA nécessitent de grandes quantités de données pour être entraînés, et des formateurs en IA sont nécessaires pour collecter et préparer ces données.

Analyste en cybersécurité :

À mesure que la technologie devient plus sophistiquée, les menaces de cybersécurité le sont également. Les analystes en cybersécurité sont nécessaires pour protéger les systèmes d'IA contre les cyberattaques.

Analyste en intelligence économique :

Les technologies d'IA génèrent une grande quantité de données qui peuvent être utilisées pour éclairer les décisions des entreprises. Les analystes en intelligence économique sont nécessaires pour analyser ces données et fournir des informations aux décideurs.

Développeur en réalité virtuelle (RV) :

Il peut être utilisée pour améliorer les technologies de RV, créant ainsi de nouvelles opportunités pour les développeurs de RV de créer des expériences immersives. D'autre part, elle pourrait également entraîner des suppressions d'emplois et l'automatisation de tâches qui étaient auparavant effectuées par des humains.

Associé de vente au détail :

Les chatbots et les assistants virtuels alimentés par l'IA peuvent aider les clients dans leurs décisions d'achat, réduisant potentiellement le besoin de vendeurs en magasin.

Représentant du service client :

Comme pour les vendeurs au détail, les chatbots et les assistants virtuels dotés d'IA peuvent également traiter les demandes de service à la clientèle, ce qui pourrait réduire le besoin de représentants humains du service à la clientèle.

Chauffeur-livreur :

Le développement de véhicules autonomes et de drones pourrait potentiellement remplacer les livreurs humains.

Commis à la saisie de données :

Les outils alimentés par l'IA peuvent automatiser les tâches de saisie de données, ce qui pourrait réduire le besoin de commis à la saisie de données.

Travailleur à la chaîne :

La robotique et les technologies d'automatisation peuvent remplacer les travailleurs humains sur les chaînes de montage dans des secteurs tels que l'industrie manufacturière.

Caissier de banque :

Le développement de chatbots et d'assistants virtuels alimentés par l'IA peut automatiser de nombreuses tâches qui étaient auparavant effectuées par des caissiers de banque humains.

Agent de voyage :

Les plateformes de réservation de voyages alimentées par l'IA peuvent automatiser de nombreuses tâches qui étaient auparavant effectuées par des agents de voyage humains.

Réceptionniste : Les chatbots et les assistants virtuels alimentés par l'IA peuvent prendre en charge de nombreuses tâches qui étaient auparavant effectuées par des réceptionnistes humains, comme répondre aux appels téléphoniques et planifier des rendez-vous.

Télévendeur : Les outils d'automatisation du marketing alimentés par l'IA peuvent automatiser de nombreuses tâches qui étaient auparavant prises en charge par des télévendeurs   humains.

Comptable :

Les logiciels de comptabilité alimentés par l'IA peuvent automatiser de nombreuses tâches qui étaient auparavant effectuées par des comptables humains, tels que la tenue des comptes et l'analyse financière.

En conclusion

À mesure que la technologie de l'IA progresse, elle pourrait remplacer ou augmenter la main-d'œuvre humaine dans divers secteurs, tels que la fabrication, le transport et le service à la clientèle. Cela pourrait potentiellement entraîner une diminution de la demande pour certains types d'emplois, tout en créant une plus grande demande de travailleurs ayant des compétences dans des domaines tels que la science des données, la programmation et le développement de l'IA. Dans l'ensemble, l'impact de l'IA sur l'emploi et le paysage professionnel est une question complexe qui nécessite une réflexion et une planification approfondies pour s'assurer que les avantages de l'IA sont maximisés tout en minimisant les effets négatifs sur la main-d'œuvre.

13 - Les systèmes de personnalisation et de recommandation alimentés par l'IA dans le commerce électronique.

L'impact de l'IA sur l'emploi et le paysage professionnel soulève plusieurs questions et défis importants. L'un des principaux défis est le risque de déplacement d'emplois et la répartition inégale des avantages et des coûts entre les différents secteurs de la société. Si l'IA a le potentiel de créer de nouvelles opportunités d'emploi et d'améliorer la productivité, elle pourrait également conduire à l'élimination de nombreux emplois qui étaient auparavant occupés par des humains. Cela pourrait avoir des conséquences économiques et sociales considérables, en particulier pour les travailleurs des secteurs les

Plus exposés à l'automatisation. En outre, l'adoption de l'IA pourrait également exacerber les inégalités existantes sur le marché du travail, car les travailleurs possédant certaines compétences et certains niveaux d'éducation pourraient être plus susceptibles de bénéficier des nouvelles possibilités d'emploi, tandis que d'autres pourraient être laissés pour compte. Cela pourrait creuser davantage l'écart des revenus et entraîner des troubles sociaux et politiques. Une autre question liée à l'impact de l'IA sur l'emploi est celle des défis éthiques et juridiques potentiels. Par exemple, on peut se demander qui est responsable si un système d'IA cause un préjudice ou commet une erreur. Son utilisation dans les processus d'embauche et de recrutement, ainsi que le risque de partialité et de discrimination, peut également susciter des inquiétudes.

Dans l'ensemble, l'impact de l'IA sur l'emploi et le paysage professionnel est une question complexe qui nécessite une réflexion et une planification approfondies. Les décideurs politiques, les chefs d'entreprise et les autres parties prenantes doivent travailler ensemble pour s'assurer que les avantages de l'IA sont maximisés tout en minimisant les effets négatifs sur la main-d'œuvre et la société dans son ensemble. Cela peut impliquer d'investir dans des programmes d'éducation et de formation, de promouvoir un développement éthique et responsable de l'IA et d'élaborer des politiques qui soutiennent les travailleurs déplacés par l'automatisation.

14 - L'utilisation de l'IA dans l'analyse des données et la modélisation prédictive.

L'utilisation de l'IA dans l'analyse des données et la modélisation prédictive a révolutionné la façon dont nous abordons les problèmes complexes et prenons des décisions. En tirant parti de la puissance des algorithmes d'apprentissage automatique et de l'analyse des mégadonnées, l'IA peut traiter de grandes quantités de données et générer des informations qu'il serait impossible à l'homme de découvrir par lui-même.

L'un des principaux avantages de l'utilisation de l'IA dans l'analyse des données et la modélisation prédictive est la capacité d'identifier des modèles et des corrélations qui pourraient ne pas être immédiatement apparents pour les analystes humains. Par exemple, un système d'IA peut analyser les données des clients pour identifier les habitudes d'achat et les préférences, puis utiliser ces informations pour faire des recommandations de produits personnalisées. De même, un système d'IA peut analyser des données médicales pour identifier les corrélations entre divers facteurs et maladies, ce qui permet d'établir des diagnostics et des plans de traitement plus précis.

L'IA peut également être utilisée pour élaborer des modèles prédictifs capables de prévoir des résultats futurs sur la base de données historiques. Par exemple, un système d'IA peut analyser des données financières pour prédire les tendances du marché et faire des recommandations d'investissement. Dans le domaine de la santé, l'IA peut être utilisée pour développer des modèles prédictifs capables d'identifier les patients qui risquent de développer certaines pathologies, ce qui permet une intervention et une prévention précoce.

Dans l'ensemble, l'utilisation de l'IA dans l'analyse des données et la modélisation prédictive a le potentiel de transformer de nombreuses industries et de nombreux secteurs, de la finance à la santé en passant par le marketing. Toutefois, il est important de noter que le développement et le déploiement des systèmes d'IA soulèvent également d'importantes considérations éthiques et sociales, telles que la confidentialité des données, la partialité et la responsabilité. À mesure que la technologie de l'IA continue d'évoluer, il sera important que les chercheurs, les décideurs politiques et les dirigeants de l'industrie travaillent ensemble pour s'assurer que l'IA est utilisée d'une manière responsable et éthique qui profite à la société dans son ensemble. L'utilisation de l'IA dans l'analyse des données et la modélisation prédictive a le potentiel de transformer de nombreuses industries et secteurs.

Elle peut également avoir un impact sur le marché du travail. Voici quelques exemples de fonctions qui pourraient être modifiées, voire supprimées, par l'utilisation accrue de l'IA :

Analyste de données :

Si l'IA peut contribuer à automatiser certains aspects de l'analyse des données, tels que le nettoyage et la préparation des données, elle peut également entraîner une réduction de la demande d'analystes de données humains.

Analyste financier :

L'IA peut être utilisée pour analyser des données financières et générer des recommandations d'investissement, ce qui pourrait réduire le besoin d'analystes financiers humains.

Représentant du service à la clientèle :

Les chatbots et les assistants virtuels alimentés par l'IA peuvent traiter de nombreuses demandes de service à la clientèle, réduisant potentiellement le besoin de représentants humains du service à la clientèle.

Ouvrier de fabrication :

La robotique et les technologies d'automatisation peuvent remplacer les travailleurs humains sur les chaînes de montage, ce qui pourrait entraîner une diminution de la demande de travailleurs humains dans le secteur manufacturier.

Conducteur :

Le développement de véhicules autonomes et de drones pourrait potentiellement remplacer les conducteurs humains dans des secteurs tels que le transport et la livraison.

Souscripteur d'assurance :

L'IA peut être utilisée pour analyser les risques et générer des polices d'assurance, réduisant potentiellement le besoin de souscripteurs d'assurance humains.

Responsable marketing :

Les outils d'automatisation du marketing alimentés par l'IA peuvent automatiser de nombreux aspects du marketing, ce qui pourrait réduire le besoin de responsables marketing humains.

Codificateur médical :

L'IA peut être utilisée pour automatiser les tâches de codage médical, ce qui pourrait réduire le besoin de codeurs médicaux humains.

avocat :

Les outils de recherche juridique alimentés par l'IA peuvent automatiser de nombreux aspects de la recherche juridique et de l'examen des documents, ce qui pourrait réduire le besoin d'avocats humains.

Assistant administratif :

Les chatbots et les assistants virtuels alimentés par l'IA peuvent prendre en charge de nombreuses tâches administratives, telles que la planification et la saisie de données, réduisant potentiellement le besoin d'assistants administratifs humains.

Voici donc dix des effets positifs que l'IA peut avoir sur le marché du travail :

Création de nouveaux emplois :

L'IA a le potentiel de créer de nouvelles opportunités d'emploi dans des domaines tels que l'analyse de données, l'apprentissage automatique et le développement de logiciels.

Augmentation de la productivité :

L'IA peut automatiser les tâches répétitives et banales, libérant les travailleurs humains pour qu'ils se concentrent sur des tâches plus complexes et à valeur ajoutée.

Efficacité accrue :

L'IA peut optimiser les processus et les flux de travail, ce qui se traduit par une efficacité accrue et une réduction des coûts pour les entreprises.

Amélioration de la prise de décision :

L'IA peut fournir des informations et des prévisions qui peuvent contribuer à une meilleure prise de décision dans divers secteurs.

Un meilleur service à la clientèle :

Les chatbots et les assistants virtuels alimentés par l'IA peuvent fournir aux clients un service plus rapide et plus personnalisé, améliorant ainsi leur satisfaction.

Des environnements de travail plus sûrs :

Les robots et les drones alimentés par l'IA peuvent effectuer des tâches dangereuses, réduisant ainsi le risque de blessure ou de préjudice pour les travailleurs humains.

Des diagnostics médicaux plus précis :

L'IA peut analyser des données médicales et identifier des schémas qui ne sont pas forcément apparents pour les médecins humains, ce qui permet d'établir des diagnostics et des plans de traitement plus précis.

Amélioration de la planification financière :

L'IA peut analyser des données financières et générer des recommandations d'investissement, ce qui peut permettre d'améliorer la planification et la gestion financières.

Amélioration de l'éducation :

Les outils alimentés par l'IA peuvent fournir des expériences d'apprentissage personnalisées et aider les éducateurs à identifier les domaines dans lesquels les élèves ont besoin d'un soutien supplémentaire.

Meilleure gestion de l'environnement :

L'IA peut optimiser l'utilisation des ressources et réduire les déchets dans des secteurs tels que l'industrie manufacturière, ce qui se traduit par une approche plus durable et plus respectueuse de l'environnement.

Conclusion

Dans l'ensemble, l'utilisation de l'IA peut avoir un impact positif sur le marché du travail à de nombreux égards, qu'il s'agisse de créer de nouvelles opportunités d'emploi ou d'améliorer l'efficacité et la productivité. Toutefois, il est important d'aborder les risques et les défis potentiels associés à l'IA, telle que le déplacement d'emplois et les considérations éthiques, afin de s'assurer que les avantages sont réalisés par tous.

16 - L'IA et l'automatisation dans le service client et les chatbots.

L'IA et l'automatisation transforment la manière dont les entreprises abordent le service client, les chatbots et les assistants virtuels devenant des outils de plus en plus populaires pour fournir un service efficace et personnalisé.

Les chatbots sont des programmes alimentés par l'IA qui peuvent converser avec les clients en langage naturel, en utilisant des algorithmes pour comprendre et répondre aux demandes et requêtes des clients. En automatisant certains aspects du service à la clientèle, les chatbots peuvent réduire les temps de réponse et améliorer l'efficacité, ce qui permet aux entreprises de traiter un plus grand nombre de demandes avec moins de ressources humaines.

En outre, les chatbots peuvent fournir aux clients un service 24 heures sur 24 et 7 jours sur 7, en veillant à ce que leurs besoins soient pris en compte en temps voulu, même en dehors des heures de bureau. Cela peut améliorer la satisfaction et la fidélisation des clients, qui apprécient la commodité et l'accessibilité d'un service client alimenté par l'IA. Les chatbots peuvent également être utilisés pour recueillir des données et des commentaires de la part des clients, ce qui permet aux entreprises d'obtenir des informations précieuses sur les préférences et les points faibles des clients. Cela peut aider les entreprises à optimiser leurs produits et services, et à développer des stratégies de marketing et de vente plus efficaces. Toutefois, il est important de noter que les chatbots ne remplacent pas les représentants du service clientèle et que leurs capacités sont limitées. S'ils peuvent traiter de nombreuses demandes et tâches de routine, les questions et situations complexes peuvent nécessiter l'intervention d'un représentant humain.

Dans l'ensemble, l'utilisation de l'IA et de l'automatisation dans le service à la clientèle a le potentiel d'améliorer l'efficacité, de réduire les coûts et d'améliorer l'expérience du client. À mesure que la technologie continue d'évoluer, il sera important pour les entreprises de trouver le bon équilibre entre l'automatisation et l'interaction humaine, et de veiller à ce que l'IA soit utilisée de manière éthique et responsable.

Il existe plusieurs plateformes et outils de chatbot que les entreprises peuvent utiliser pour communiquer avec leurs clients potentiels. En voici quelques exemples :

HubSpot :

HubSpot propose un outil de création de chatbots qui permet aux entreprises de créer des chatbots personnalisés capables de dialoguer avec les visiteurs du site web et de capturer des clients potentiels.

Drift :

Drift propose une plateforme de marketing conversationnel qui comprend des chatbots et des fonctionnalités de chat en direct, permettant aux entreprises de dialoguer avec les visiteurs de leur site web et d'entretenir les prospects.

Interphone :

L'Interphone propose une suite d'outils de messagerie client, y compris des chatbots et des chats en direct, qui peuvent être utilisés pour automatiser le support client et les processus de vente.

Tars :

Tars est une plateforme de construction de chatbots spécialisée dans la création de pages d'atterrissage conversationnelles et de chatbots de génération de leads.

Landbot :

Landbot propose une plateforme de création de chatbots sans code qui permet aux entreprises de créer des interfaces conversationnelles pour le support client et la génération de leads.

Chatfuel :

Chatfuel est une plateforme de construction de chatbots spécialisée dans la création de chatbots Facebook Messenger pour les entreprises.

ManyChat :

ManyChat est une autre plateforme de création de chatbots qui se concentre sur la création de chatbots Facebook Messenger pour les entreprises.

Conclusion

Dans l'ensemble, ces plateformes et outils de chatbot offrent aux entreprises un moyen efficace et efficient de communiquer avec des clients potentiels et de capturer des prospects. En tirant parti de la puissance de l'IA et de l'automatisation, les entreprises peuvent améliorer leur service client et leurs processus de vente, tout en réduisant les coûts et en améliorant l'efficacité.

17 - La robotique et l'automatisation dans des secteurs comme la construction et la logistique.

L'utilisation de la robotique et de l'automatisation est de plus en plus répandue dans des secteurs tels que la construction et la logistique, car les entreprises cherchent à améliorer l'efficacité et à réduire les coûts.

Dans le secteur de la construction, les robots peuvent être utilisés pour des tâches telles que la maçonnerie, le soudage et la démolition, réduisant ainsi la nécessité de recourir à des travailleurs humains pour effectuer ces tâches. Par exemple, le robot Hadrian X, développé par Fastbrick Robotics, peut poser jusqu'à 1 000 briques par heure, avec une précision et une efficacité supérieure à celles des travailleurs humains.

Dans le domaine de la logistique, les robots et l'automatisation peuvent être utilisés pour des tâches telles que le prélèvement et l'emballage, la gestion des stocks et le transport. Par exemple, Amazon utilise des milliers de robots dans ses entrepôts pour déplacer et organiser les produits, améliorant ainsi l'efficacité et réduisant le risque de blessures pour les travailleurs humains.

En outre, l'utilisation de la robotique et de l'automatisation peut entraîner des économies pour les entreprises, car elles réduisent le besoin de main-d'œuvre humaine et peuvent fonctionner 24 heures sur 24, 7 jours sur 7, sans nécessiter de pauses ou de périodes de repos.

Cependant, l'utilisation croissante de la robotique et de l'automatisation soulève également des inquiétudes quant au déplacement d'emplois et à l'impact sur les travailleurs humains. À mesure que les technologies d'automatisation continuent d'évoluer, il sera important que les entreprises répondent à ces préoccupations et veillent à ce que les avantages de la technologie soient répartis équitablement dans la société.

Dans l'ensemble, l'utilisation de la robotique et de l'automatisation dans des secteurs tels que la construction et la logistique a le potentiel d'améliorer l'efficacité, de réduire les coûts et d'augmenter la productivité. À mesure que la technologie continue d'évoluer, il sera important d'examiner attentivement les implications éthiques et sociales de ces développements et de veiller à ce que les avantages soient répartis équitablement dans l'ensemble de la société.

Autres domaines du secteur de la construction menacés ?

Plusieurs domaines du secteur de la construction sont actuellement menacés. Les menaces les plus importantes sont les suivantes.

La pénurie de main-d'œuvre :

Le secteur continuant à se développer, la demande de travailleurs qualifiés tels que les charpentiers, les électriciens et les plombiers s'accroît. Cependant, il y a une pénurie de travailleurs qualifiés dans ces métiers, ce qui rend difficile l'achèvement des projets dans les délais et le respect du budget.

Augmentation du coût des matériaux :

Le coût des matériaux de construction tels que le bois, l'acier et le béton a augmenté ces dernières années. Il peut donc être difficile pour les entrepreneurs de rester compétitifs, en particulier pour les projets de grande envergure.

Préoccupations en matière de développement durable :

Avec les préoccupations croissantes concernant l'environnement et le changement climatique, l'accent est mis sur les pratiques de construction durable. Les entrepreneurs qui n'adoptent pas de pratiques durables peuvent avoir du mal à remporter des contrats ou à attirer des clients.

Perturbations technologiques :

Le secteur de la construction connaît également des bouleversements technologiques importants, avec l'apparition constante de nouveaux outils et de nouvelles techniques. Les entrepreneurs qui ne parviennent pas à s'adapter à ces changements risquent d'être distancés par leurs concurrents.

Dans l'ensemble, le secteur de la construction est confronté à une série de défis et de menaces, qui sont susceptibles de façonner l'avenir du secteur dans les années à venir.

En ce qui concerne la logistique, quels sont les défis auxquels le secteur est actuellement confronté ?

Le secteur de la logistique est confronté à plusieurs défis, notamment

Perturbations de la chaîne d'approvisionnement :

La pandémie de COVID-19 a révélé les vulnérabilités des chaînes d'approvisionnement mondiales, entraînant des retards et des perturbations. Les entreprises ont dû s'adapter à l'évolution de la demande, aux nouveaux protocoles de sécurité et aux restrictions de voyage, ce qui a affecté la circulation des marchandises.

Contraintes de capacité :

Les contraintes de capacité sont également apparues comme un défi dans l'industrie de la logistique, en particulier dans des domaines tels que le transport et l'entreposage. Cette situation a été exacerbée par la pandémie et a entraîné une augmentation des coûts pour les expéditeurs.

Pénurie de main-d'œuvre :

Le secteur de la logistique est également confronté à des pénuries de main-d'œuvre dans des domaines tels que le camionnage et l'entreposage. Il est donc difficile pour les entreprises de trouver et de conserver des travailleurs qualifiés, ce qui peut avoir un impact sur leur capacité à répondre à la demande des clients.

Préoccupations en matière de développement durable :

Le secteur de la logistique met de plus en plus l'accent sur la durabilité, de nombreuses entreprises cherchant à réduire leur empreinte carbone et à adopter des pratiques plus écologiques. Toutefois, la mise en œuvre de ces pratiques peut s'avérer difficile, en particulier dans des domaines tels que le transport, où il existe peu d'alternatives aux combustibles fossiles.

L'adoption de technologies :

Enfin, le secteur de la logistique connaît des changements technologiques importants, notamment l'adoption de l'automatisation et de l'intelligence artificielle. Si ces technologies peuvent améliorer l'efficacité et réduire les coûts, elles nécessitent également des investissements importants et peuvent perturber les flux de travail existants.

En conclusion

Dans l'ensemble, le secteur de la logistique est confronté à une série de défis, et les entreprises doivent rester flexibles et adaptables pour réussir dans un environnement en constante évolution.

18 - Le rôle de l'IA dans l'amélioration de la cybersécurité et de la détection des menaces.

Le rôle de l'IA dans l'amélioration de la cybersécurité et de la détection des menaces

L'intelligence artificielle (IA) joue un rôle de plus en plus important dans l'amélioration de la cybersécurité et de la détection des menaces. Voici quelques exemples d'utilisation de l'IA dans ce domaine :

Détection des menaces :

Les algorithmes d'IA peuvent analyser de grandes quantités de données pour détecter des schémas et des anomalies susceptibles d'indiquer une menace pour la cybersécurité. Les algorithmes d'apprentissage automatique peuvent également être formés sur des données historiques afin d'identifier les menaces potentielles et de prendre des mesures proactives pour les prévenir. L'IA peut-elle corriger seule les menaces de cybersécurité ?

L'IA peut aider à détecter et à atténuer les menaces de cybersécurité, mais elle ne peut pas les corriger par elle-même. Les menaces de cybersécurité sont complexes et nécessitent souvent une expertise humaine pour les traiter correctement.

L'IA peut être utilisée pour répondre automatiquement à certains types de menaces, comme le blocage de l'accès à une adresse IP malveillante connue ou la mise en quarantaine d'un fichier suspect. Cependant, de nombreuses menaces de cybersécurité nécessitent une réponse plus nuancée qui prend en compte le contexte spécifique de la menace, les systèmes et les données concernés, ainsi que l'impact potentiel sur l'organisation.

En outre, l'IA n'est pas infaillible et peut elle-même être vulnérable aux attaques. Les pirates peuvent potentiellement manipuler les systèmes d'IA à leur avantage, par exemple en fournissant de fausses données pour entraîner les algorithmes d'apprentissage automatique. Par conséquent, si l'IA peut certainement être un outil utile pour lutter contre les menaces de cybersécurité, elle doit être utilisée en combinaison avec l'expertise humaine et les meilleures pratiques pour créer une stratégie de cybersécurité complète.

Analyse du comportement des utilisateurs :

L'IA peut analyser le comportement des utilisateurs pour identifier les risques de sécurité potentiels, tels que les accès non autorisés ou les activités inhabituelles. En surveillant les modèles de comportement des utilisateurs, l'IA peut alerter les équipes de sécurité sur les menaces potentielles avant qu'elles ne deviennent un problème.

Gestion des vulnérabilités :

L'IA peut aider à identifier et à hiérarchiser les vulnérabilités d'un système, ce qui permet aux équipes de sécurité de prendre des mesures pour y remédier avant qu'elles ne soient exploitées par des attaquants.

Chasse aux cybermenaces :

L'IA peut être utilisée pour automatiser le processus de recherche des cybermenaces, ce qui permet aux équipes de sécurité d'identifier les menaces et d'y répondre en temps réel.

Réponse aux incidents :

L'IA peut contribuer à automatiser les processus de réponse aux incidents, ce qui permet aux équipes de sécurité de réagir plus rapidement et plus efficacement aux menaces.

Dans l'ensemble, l'IA a le potentiel d'améliorer considérablement la cybersécurité et la détection des menaces, mais il est important de noter que l'IA n'est pas une solution miracle. Elle doit être utilisée en combinaison avec d'autres mesures de sécurité, telles que l'expertise humaine et les meilleures pratiques, afin de créer une stratégie de cybersécurité complète.

L'IA peut-elle constituer une menace si son code est modifié par des acteurs malveillants ?

Oui, l'IA peut constituer une menace si son code est modifié par des acteurs malveillants. Les systèmes d'IA sont vulnérables aux mêmes types d'attaques que les autres systèmes informatiques, tels que les logiciels malveillants, les virus et le piratage. Si le code d'un système d'IA est modifié par un acteur malveillant, il peut potentiellement être utilisé pour mener des attaques ou endommager le système ou le réseau sur lequel il fonctionne.

Par exemple, un acteur malveillant pourrait modifier le code d'un système d'IA utilisé dans des véhicules autonomes, ce qui entraînerait un comportement erratique ou un accident du véhicule. De même, un acteur malveillant pourrait modifier le code d'un système d'IA utilisé dans une infrastructure critique, telle qu'un réseau électrique, et provoquer une panne d'électricité ou d'autres perturbations. Pour atténuer ce risque, il est important de mettre en œuvre des mesures de sécurité solides afin de protéger les systèmes d'IA contre les attaques. Il s'agit notamment de crypter les données, de mettre en place des contrôles d'accès et de surveiller et mettre à jour régulièrement le système pour détecter les vulnérabilités. En outre, les organisations doivent mettre en place un plan de réponse aux attaques de l'IA.

19 - L'IA et l'automatisation dans l'éducation et l'apprentissage personnalisé.

L'IA et l'automatisation dans l'éducation et l'apprentissage personnalisé :

L'intelligence artificielle (IA) et l'automatisation peuvent contribuer à améliorer l'éducation et l'apprentissage personnalisé de plusieurs façons, notamment :

L'apprentissage personnalisé :

L'IA peut aider à personnaliser l'expérience d'apprentissage pour chaque élève en analysant ses forces, ses faiblesses et ses styles d'apprentissage. Les enseignants peuvent ainsi adapter leurs cours aux besoins de chaque élève, ce qui se traduit par des résultats d'apprentissage plus efficaces.

Apprentissage adaptatif :

L'IA peut être utilisée pour créer des environnements d'apprentissage adaptatifs qui s'ajustent aux besoins de chaque élève en temps réel. Cela permet aux élèves de progresser à leur propre rythme et de recevoir un soutien supplémentaire lorsqu'ils en ont besoin.

Systèmes de tutorat intelligents :

Les systèmes de tutorat alimentés par l'IA peuvent fournir aux élèves un retour d'information et des conseils personnalisés, ce qui leur permet d'apprendre à leur propre rythme et de bénéficier d'un soutien ciblé lorsqu'ils en ont besoin.

Automatisation de la notation :

L'IA peut être utilisée pour automatiser la notation, ce qui libère le temps des enseignants et leur permet de se concentrer sur des interactions plus significatives avec les élèves.

Assistants virtuels :

Les assistants virtuels alimentés par l'IA peuvent aider les étudiants à effectuer des tâches administratives, telles que la programmation, la gestion des devoirs et le suivi des progrès. Cela peut contribuer à réduire la charge des enseignants et leur permettre de se concentrer sur l'enseignement.

En conclusion

Dans l'ensemble, l'IA et l'automatisation ont le potentiel d'améliorer considérablement l'éducation et l'apprentissage personnalisé en fournissant aux étudiants un soutien et des conseils sur mesure, en libérant le temps des enseignants et en créant des environnements d'apprentissage plus efficaces et plus efficients. Toutefois, il est important de veiller à ce que ces technologies soient utilisées de manière responsable et dans le respect de la vie privée.

20 - L'intégration de l'IA dans les maisons intelligentes et l'internet des objets (IoT).

L'intelligence artificielle (IA) joue un rôle de plus en plus important dans les maisons intelligentes et l'internet des objets (IdO). Voici quelques exemples d'intégration de l'IA dans ces systèmes :

Assistants vocaux :

Les assistants vocaux alimentés par l'IA, comme Alexa d'Amazon et Google Assistant, sont de plus en plus répandus dans les maisons intelligentes. Il peut être utilisé pour contrôler les appareils intelligents, définir des horaires et fournir des informations et des divertissements.

Efficacité énergétique :

L'IA peut être utilisée pour optimiser l'utilisation de l'énergie dans les maisons intelligentes en analysant les données sur la consommation d'énergie et en ajustant les paramètres en conséquence. Cela permet de réduire les coûts énergétiques et de minimiser l'impact environnemental de la maison.

Sécurité :

Les systèmes de sécurité alimentés par l'IA peuvent être utilisés pour détecter et prévenir les intrusions, surveiller les activités inhabituelles et alerter les propriétaires de menaces . Ces systèmes peuvent également apprendre au fil du temps pour améliorer leur précision et réduire les fausses alarmes.

Personnalisation :

L'IA peut aider à personnaliser l'expérience de la maison intelligente en analysant les données sur le comportement et les préférences de l'utilisateur. Ces données peuvent être utilisées pour adapter les paramètres et les routines à chaque utilisateur, ce qui rend la maison plus confortable et plus pratique.

Maintenance prédictive :

L'IA peut être utilisée pour analyser les données des appareils intelligents afin de détecter les problèmes potentiels avant qu'ils ne surviennent. Cela permet d'éviter des pannes coûteuses et de prolonger la durée de vie des appareils.

En conclusion

Dans l'ensemble, l'intégration de l'IA dans les maisons intelligentes et les appareils IoT contribue à créer des maisons plus efficaces, plus personnalisées et plus sûres. Comme ces technologies continuent d'évoluer, nous pouvons nous attendre à voir des fonctions et des capacités encore plus avancées à l'avenir.

21 - La créativité alimentée par l'IA et son impact sur l'art et la musique.

L'intelligence artificielle (IA) commence à avoir un impact significatif sur les domaines créatifs de l'art et de la musique. Voici quelques exemples d'utilisation de l'IA pour stimuler la créativité :

Composition musicale :

L'IA peut être utilisée pour générer des compositions musicales, soit en analysant des compositions existantes et en créant de nouvelles œuvres dans un style similaire, soit en créant des pièces entièrement originales. Cela pourrait démocratiser la création musicale, en permettant à des non-musiciens de créer leur propre musique.

Art visuel :

L'IA peut être utilisée pour générer des images et des animations, soit en analysant des œuvres d'art existantes et en créant de nouvelles œuvres dans un style similaire, soit en créant des œuvres entièrement originales. Cela pourrait permettre de créer de nouvelles formes d'art et de rendre la création artistique plus accessible à un public plus large.

L'écriture :

L'IA peut être utilisée pour générer du contenu écrit, tel que des articles de presse, des textes de marketing et même des livres entiers. Cela pourrait révolutionner le secteur de l'édition et créer de nouvelles opportunités pour les écrivains.

Collaboration créative :

L'IA peut être utilisée pour faciliter la collaboration créative en analysant les données sur les préférences et les styles des utilisateurs et en suggérant des collaborateurs potentiels qui partagent les mêmes intérêts et les mêmes styles. Cela pourrait permettre de réunir des artistes et des musiciens qui n'auraient pas pu se rencontrer autrement.

Conclusion

Dans l'ensemble, l'IA peut avoir un impact significatif sur les domaines créatifs de l'art et de la musique, à la fois en automatisant certaines tâches et en créant de nouvelles formes de créativité. Toutefois, certains craignent que les œuvres créatives générées par l'IA n'aient pas la touche humaine et la profondeur émotionnelle des œuvres créées par des artistes et des musiciens humains. À mesure que l'IA continue d'évoluer, il sera important de trouver un équilibre entre les avantages de la créativité alimentée par l'IA et l'importance de la créativité et de l'expression humaines.

22 - Le rôle de l'IA dans la durabilité environnementale et la gestion des ressources.

L'intelligence artificielle (IA) joue un rôle de plus en plus important dans la promotion de la durabilité environnementale et de la gestion efficace des ressources. Voici quelques exemples d'utilisation de l'IA dans ces domaines :

Efficacité énergétique :

L'IA peut être utilisée pour optimiser l'utilisation de l'énergie en analysant les données relatives à la consommation d'énergie et en ajustant les paramètres en conséquence. Cela peut contribuer à réduire les coûts énergétiques et à minimiser l'impact environnemental de l'utilisation de l'énergie.

Gestion intelligente des ressources :

L'IA peut être utilisée pour optimiser l'utilisation des ressources telles que l'eau, les terres et les forêts en analysant les données relatives à l'utilisation et en formulant des recommandations pour une utilisation plus efficace et durable.

Réduction des déchets :

L'IA peut être utilisée pour analyser les données relatives à la production de déchets et recommander des stratégies de réduction des déchets, telles que des programmes de recyclage et de compostage.

Modélisation du climat :

L'IA peut être utilisée pour modéliser les modèles climatiques et prédire les effets du changement climatique. Cela peut aider les décideurs politiques et les entreprises à prendre des décisions éclairées sur la manière d'atténuer les effets du changement climatique et de s'y adapter.

Agriculture de précision :

L'IA peut être utilisée pour optimiser les pratiques agricoles en analysant les données relatives aux conditions météorologiques, à la composition du sol et à la santé des plantes, ce qui permet aux agriculteurs de prendre des décisions plus éclairées en matière de plantation, de fertilisation et d'irrigation.

Conclusion

Dans l'ensemble, l'intégration de l'IA dans la durabilité environnementale et la gestion des ressources peut réduire considérablement l'impact de l'activité humaine sur l'environnement et promouvoir des pratiques plus durables. Toutefois, il est important de veiller à ce que ces technologies soient utilisées de manière responsable et en tenant compte des facteurs écologiques et sociaux complexes qui entrent en jeu.

23 - L'IA et l'automatisation dans l'industrie du divertissement et des jeux.

L'intelligence artificielle (IA) et l'automatisation sont de plus en plus utilisées dans l'industrie du divertissement et du jeu pour améliorer l'expérience de l'utilisateur et l'efficacité. Voici quelques exemples d'utilisation de l'IA et de l'automatisation dans ce secteur :

Personnalisation :

L'IA peut être utilisée pour personnaliser l'expérience de divertissement en analysant les données sur le comportement et les préférences des utilisateurs. Elle peut être utilisée pour recommander des films, des émissions de télévision et des jeux en fonction des préférences individuelles. Elle peut analyser le comportement et les préférences des utilisateurs pour créer une expérience personnalisée. Par exemple, les services de streaming comme Netflix utilisent l'IA pour recommander du contenu aux utilisateurs en fonction de leur historique de visionnage et d'autres données. De même, les sociétés de jeux utilisent l'IA pour créer des expériences personnalisées, comme la création d'avatars ou de niveaux personnalisés en fonction des préférences des joueurs.

Création de contenu :

L'IA peut être utilisée pour créer de nouveaux contenus pour les films, les émissions de télévision et les jeux. Par exemple, les algorithmes d'IA peuvent être entraînés à créer de nouveaux niveaux dans les jeux ou à générer de nouvelles intrigues pour les émissions de télévision. Elle peut générer de nouveaux contenus pour les films, les émissions de télévision et les jeux. Par exemple, le modèle de langage GPT-3 d'OpenAI a été utilisé pour créer des articles, des scripts et même de la musique. Dans l'industrie du jeu, l'IA est utilisée pour créer de nouveaux niveaux, de personnages et même de jeux entiers.

Diffusion en continu :

L'IA peut être utilisée pour optimiser l'expérience de la diffusion en continu en analysant les données sur les conditions du réseau et en ajustant la qualité de la diffusion en conséquence. Cela peut contribuer à garantir une expérience de visionnage fluide et ininterrompue. Elle peut optimiser la diffusion en continu en analysant les données relatives aux conditions du réseau, au comportement des utilisateurs et à d'autres facteurs. Par exemple, YouTube et Twitch utilisent l'IA pour ajuster la qualité vidéo en fonction de la bande passante disponible et des capacités de l'appareil, garantissant ainsi une expérience De visionnage fluide et ininterrompue.

Marketing :

L'IA peut être utilisée pour améliorer les efforts de marketing en analysant les données sur le comportement et les préférences des utilisateurs et en ciblant les publicités plus efficacement. Cela peut contribuer à augmenter l'engagement et les revenus. Elle peut contribuer à améliorer les efforts de marketing en analysant les données sur le comportement et les préférences des utilisateurs, et en ciblant les publicités plus efficacement. Cela peut contribuer à augmenter l'engagement et les revenus. Par exemple, les plateformes de médias sociaux utilisent l'IA pour cibler les publicités en fonction des données démographiques, des intérêts et du comportement des utilisateurs.

Développement de jeux :

L'IA peut être utilisée dans le développement de jeux pour automatiser certaines tâches, telles que les tests de jeu et la détection des bogues. Cela peut contribuer à réduire le temps de développement et à améliorer la qualité des jeux. Elle peut contribuer à améliorer les efforts de marketing en analysant les données sur le comportement et les préférences des utilisateurs, et en ciblant les publicités plus efficacement. Cela peut contribuer à augmenter l'engagement et les revenus. Par exemple, les plateformes de médias sociaux utilisent l'IA pour cibler les publicités en fonction des données démographiques, des intérêts et du comportement des utilisateurs.

En conclusion

Dans l'ensemble, l'intégration de l'IA et de l'automatisation dans l'industrie du divertissement et du jeu peut améliorer l'expérience de l'utilisateur et créer de nouvelles opportunités pour la création et la distribution de contenu. Toutefois, il est important de veiller à ce que ces technologies soient utilisées de manière responsable et dans le respect de la vie privée et de l'autonomie des utilisateurs.

24 - L'impact de l'IA sur le journalisme et le paysage médiatique.

L'intelligence artificielle (IA) commence à avoir un impact significatif sur le journalisme et le paysage médiatique dans son ensemble. Voici quelques exemples d'utilisation de l'IA dans le journalisme :

L'automatisation des reportages :

L'IA peut être utilisée pour produire des articles et des reportages. Par exemple, l'Associated Press utilise l'IA pour générer des rapports sur les résultats et des résumés sportifs.

Analyse de données :

L'IA peut être utilisée pour analyser de grandes quantités de données afin d'identifier des modèles et des tendances. Cela peut être utilisé pour créer des articles et des rapports axés sur les données.

Distribution de contenu :

L'IA peut être utilisée pour optimiser la distribution du contenu, en veillant à ce que les articles soient partagés sur les plateformes les plus appropriées et atteignent le public visé.

Personnalisation :

L'IA peut être utilisée pour personnaliser le contenu des actualités pour les utilisateurs individuels en fonction de leurs intérêts et de leur historique de lecture. Cela peut contribuer à accroître l'engagement et la fidélité.

Vérification des faits :

L'IA peut être utilisée pour aider à vérifier les faits et à identifier les fausses nouvelles. Par exemple, Full Fact utilise l'IA pour identifier les déclarations trompeuses ou fausses dans les discours politiques.

En conclusion

Dans l'ensemble, l'intégration de l'IA dans le journalisme peut améliorer l'efficacité et la précision, mais elle soulève également des inquiétudes quant au rôle du jugement humain et au risque de partialité. En outre, l'utilisation de l'IA dans le journalisme pourrait entraîner des pertes d'emploi et une baisse de la qualité des reportages si elle n'est pas mise en œuvre de manière responsable. Il est important de trouver un équilibre entre les avantages de l'IA et l'importance de l'expertise et du jugement humains dans le journalisme.

27 - L'avenir de l'IA dans l'exploration spatiale et la recherche scientifique.

L'intelligence artificielle (IA) commence à avoir un impact significatif sur le domaine du journalisme et le paysage médiatique en tant qu'outil d'aide à la décision. L'intelligence artificielle (IA) a le potentiel d'avoir un impact significatif sur l'exploration spatiale et la recherche scientifique à l'avenir. Voici quelques exemples d'utilisation de l'IA :

Exploration spatiale :

L'IA peut être utilisée pour analyser les données collectées par les engins spatiaux et les astromobiles afin d'identifier des caractéristiques et des modèles intéressants sur les planètes, les lunes et d'autres corps célestes. Cela peut aider à orienter les futures explorations et recherches scientifiques.

Planification des missions :

L'IA peut être utilisée pour optimiser la planification des missions, en tenant compte de facteurs tels que la consommation de carburant, la trajectoire et les contraintes de temps. Cela peut contribuer à réduire les coûts et à améliorer l'efficacité des missions spatiales.

Recherche scientifique :

L'IA peut être utilisée pour analyser de grandes quantités de données scientifiques, telles que des données génétiques ou climatiques, afin d'identifier des modèles et des tendances. Cela peut permettre d'accélérer les découvertes scientifiques et d'aboutir à de nouvelles idées.

Robotique :

L'IA peut être utilisée pour contrôler des systèmes et des machines robotiques, ce qui permet des opérations plus précises et plus efficaces dans l'espace et sur Terre. Par exemple, l'IA peut être utilisée pour contrôler des robots qui effectuent des tâches dangereuses ou difficiles, telles que la réparation de satellites ou l'exploration de zones reculées.

Habitats spatiaux :

L'IA peut être utilisée pour optimiser la conception et le fonctionnement des habitats spatiaux, en veillant à ce qu'ils soient sûrs, efficaces et confortables pour les astronautes.

En conclusion

L'intégration de l'IA dans l'exploration spatiale et la recherche scientifique peuvent améliorer l'efficacité et accélérer les découvertes. Toutefois, il est important de veiller à ce que ces technologies soient utilisées de manière responsable et dans le respect des considérations éthiques et de sécurité. En outre, le rôle de l'expertise humaine et de la prise de décision restera essentiel dans ces domaines.

28 - Le rôle de l'IA dans la découverte de médicaments et l'innovation en matière de soins de santé.

L'intelligence artificielle (IA) transforme rapidement le secteur des soins de santé, de la découverte de médicaments aux soins aux patients. Voici trois façons importantes dont l'IA révolutionne le secteur :

Accélérer la découverte de médicaments :

La mise au point de nouveaux médicaments est un processus long et coûteux qui peut prendre des années et coûter des milliards de dollars. Toutefois, l'IA peut contribuer à accélérer le processus en analysant de grandes quantités de données afin d'identifier les médicaments candidats potentiels et de prédire leur efficacité. Par exemple, l'IA peut analyser les données génétiques pour identifier les cibles des maladies et simuler les effets des médicaments potentiels, ce qui permet aux chercheurs d'identifier rapidement les candidats prometteurs.

Personnalisation de la médecine :

L'IA peut contribuer à personnaliser la médecine en analysant les données relatives à chaque patient et en adaptant les traitements à leurs besoins spécifiques. Par exemple, l'IA peut analyser les dossiers médicaux, les données génétiques et d'autres sources de données pour prédire le risque d'un patient de développer certaines maladies et recommander des traitements personnalisés.

Améliorer les opérations de soins de santé :

L'IA peut contribuer à améliorer les opérations de soins de santé en optimisant le flux de patients, en réduisant les temps d'attente et en améliorant l'allocation des ressources. Par exemple, l'IA peut analyser les données des patients pour prédire la demande de certains services, ce qui permet aux prestataires de soins de santé d'allouer les ressources de manière plus efficace.

Améliorer le diagnostic des maladies :

L'IA peut analyser les images médicales, telles que les radiographies et les IRM, pour aider à diagnostiquer les maladies et les affections. Par exemple, les algorithmes d'IA peuvent analyser des images médicales pour détecter des tumeurs ou d'autres anomalies que les radiologues humains peuvent avoir du mal à identifier.

Améliorer les résultats pour les patients :

L'IA peut contribuer à améliorer les résultats pour les patients en prédisant les complications et les événements indésirables, tels que les réadmissions à l'hôpital. Par exemple, l'IA peut analyser les données des patients pour identifier ceux qui présentent un risque élevé de complications et recommander des interventions pour les prévenir.

Faciliter le développement de médicaments :

L'IA peut être utilisée pour identifier de nouvelles cibles médicamenteuses et prédire les effets secondaires potentiels, ce qui permet aux chercheurs de mettre au point des médicaments plus sûrs et plus efficaces. Par exemple, l'IA peut analyser des données moléculaires pour identifier des cibles potentielles de médicaments et simuler les effets des médicaments sur différents systèmes biologiques.

Soutenir la recherche médicale :

IA peut contribuer à soutenir la recherche médicale en analysant de grandes quantités de données afin d'identifier des modèles et des tendances. Par exemple, l'IA peut analyser les données d'essais cliniques pour identifier de nouveaux traitements potentiels ou prédire la réaction des patients à différents traitements.

Permettre les soins à distance :

L'IA peut contribuer aux soins à distance en surveillant les patients et en fournissant un retour d'information et des recommandations. Par exemple, les assistants virtuels alimentés par l'IA peuvent fournir aux patients des conseils et des orientations personnalisés en matière de santé.

Conclusion

Dans l'ensemble, l'intégration de l'IA dans la découverte de médicaments et l'innovation en matière de soins de santé pourraient améliorer considérablement les résultats pour les patients et réduire les coûts des soins de santé. Cependant, il existe également des préoccupations concernant le risque de biais et des considérations éthiques, telles que l'utilisation responsable des données des patients. À mesure que ces technologies continuent d'évoluer, il sera important de trouver un équilibre entre les avantages de l'IA et l'importance d'une utilisation éthique et responsable. Toutefois, il est important d'aborder des questions telles que la protection de la vie privée, la sécurité et les préjugés afin de s'assurer que ces technologies sont utilisées de manière responsable et éthique. À mesure que l'IA continue d'évoluer et de s'améliorer, nous pouvons nous attendre à voir des avancées encore plus significatives dans le domaine des soins de santé.

29 - Les considérations éthiques de l'IA et la nécessité d'une réglementation.

Alors que l'utilisation de l'intelligence artificielle (IA) se généralise dans divers secteurs, les implications éthiques de ces technologies suscitent de plus en plus d'inquiétudes. Voici quelques-unes des principales considérations éthiques et la nécessité d'une réglementation :

Préjugés et discrimination :

Les systèmes d'IA peuvent perpétuer les préjugés et les discriminations existantes s'ils sont formés à partir de données ou d'algorithmes biaisés. Par exemple, il a été démontré que les systèmes de reconnaissance faciale sont moins précis pour les personnes à la peau plus foncée. Cela peut avoir de graves conséquences pour les individus et la société dans son ensemble.

Vie privée et sécurité :

Les systèmes d'IA s'appuient souvent sur de grandes quantités de données, ce qui soulève des préoccupations en matière de protection de la vie privée et de sécurité. Les données personnelles risquent d'être utilisées à mauvais escient ou piratées, ce qui peut entraîner une usurpation d'identité ou d'autres préjudices.

Autonomie et responsabilité :

À mesure que l'IA s'intègre dans divers aspects de notre vie, elle soulève des questions sur l'autonomie et la responsabilité. Qui est responsable si un système d'IA commet une erreur ou cause un préjudice ? Comment les individus peuvent-ils s'assurer que leurs décisions ne sont pas influencées par les systèmes d'IA ?

Transparence et explicabilité :

Il est important que les systèmes d'IA soient transparents et explicables afin que les individus puissent comprendre comment les décisions sont prises. Cela est particulièrement important dans des domaines tels que les soins de santé et la finance, où les décisions peuvent avoir des conséquences importantes.

En conclusion

Pour répondre à ces considérations éthiques, il est nécessaire de réglementer l'IA. Celle-ci pourrait inclure des normes de transparence et d'explicabilité, des lignes directrices en matière de confidentialité et de sécurité des données, ainsi que des mesures visant à lutter contre les préjugés et la discrimination. La collaboration entre les parties prenantes, notamment les décideurs politiques, les chefs d'entreprise et les organisations de la société civile, est également nécessaire pour garantir que l'IA est développée et déployée de manière responsable et éthique.

Si l'IA peut apporter de nombreux avantages, elle soulève également d'importantes questions éthiques. À mesure que ces technologies continuent d'évoluer et de s'intégrer dans nos vies, il est important de tenir compte de ces considérations et de veiller à ce que l'IA soit développée et utilisée dans le respect des droits de l'homme et des valeurs.

30 - Les spéculations sur l'avenir de l'IA et le potentiel de l'intelligence artificielle générale (AGI).

L'intelligence artificielle (IA) a beaucoup progressé ces dernières années et son potentiel futur fait l'objet de spéculations croissantes. Voici quelques-uns des principaux domaines de spéculation :

Progrès de la technologie de l'IA :

On s'accorde de plus en plus à penser que la technologie de l'IA va continuer à progresser rapidement, avec de nouvelles percées dans des domaines tels que le traitement du langage naturel, la vision par ordinateur et la robotique. Cela pourrait déboucher sur un large éventail de nouvelles applications, allant des véhicules autonomes aux assistants personnels intelligents.

L'AGI et la super intelligence :

On spécule également sur le potentiel de l'intelligence générale artificielle (AGI), un système d'IA capable d'effectuer toutes les tâches intellectuelles d'un être humain. Certains experts prédisent que l'AGI pourrait être réalisée dans les prochaines décennies et pourrait conduire au développement de la super intelligence - un système d'IA qui surpasse l'intelligence humaine dans tous les domaines.

Implications sociétales :

Le potentiel de l'IAG et de la super intelligence soulève d'importantes questions quant aux implications sociétales de ces technologies. Certains experts prédisent que ces technologies pourraient avoir des effets transformateurs sur l'économie, la main-d'œuvre et même la nature humaine elle-même.

Considérations éthiques :

À mesure que la technologie de l'IA continue d'évoluer, il devient de plus en plus nécessaire d'aborder des considérations éthiques telles que la partialité, la transparence et la responsabilité. Il faut également veiller à ce que ces technologies soient développées et déployées dans le respect des droits de l'homme et des valeurs.

L'avenir de l'IA fait l'objet de nombreuses spéculations. Il est important de se rappeler qu'il ne s'agit que de prédictions et que le développement de ces technologies est soumis à de nombreux facteurs. Notamment les limites techniques, les valeurs sociétales et les considérations économiques. Alors que l'IA continue d'évoluer et de mûrir, il est important d'aborder ces technologies avec prudence et d'aborder les considérations éthiques de manière réfléchie et responsable.

Une Question que beaucoup d'entre nous ont sur le bout des lèvres

Une IA capable de se programmer elle-même, également connue sous le nom d'IA autoprogrammant, pourrait-elle offrir plusieurs avantages par rapport aux systèmes d'IA traditionnels ?

En voici quelques-uns :

Apprentissage plus rapide :

Une IA autoprogrammée peut apprendre et s'adapter beaucoup plus rapidement qu'un système d'IA traditionnel. En effet, elle a la capacité de modifier son propre code et ses algorithmes, ce qui lui permet de s'adapter rapidement à de nouvelles données et à des environnements changeants.

Une allocation des ressources plus efficace :

Grâce à sa capacité à optimiser sa propre programmation, une IA autoprogrammée peut allouer les ressources plus efficacement, réduisant ainsi la puissance de calcul et l'espace de stockage nécessaires à l'accomplissement d'une tâche donnée.

Précision accrue :

En se programmant elle-même, une IA autoprogrammée peut affiner ses algorithmes et ses modèles afin d'obtenir une plus grande précision dans ses prédictions et ses prises de décision.

Robustesse accrue :

Une IA autoprogrammée peut s'adapter à des conditions et à des environnements changeants, ce qui la rend plus robuste et plus résistante face à des événements ou à des erreurs inattendues.

Une plus grande flexibilité :

Grâce à sa capacité d'auto programmations, l'IA autoprogrammée peut s'adapter à un large éventail de tâches et d'applications, ce qui la rend plus polyvalente que les systèmes d'IA traditionnels.

Dans l'ensemble, l'IA autoprogrammée a le potentiel d'améliorer considérablement les performances et l'efficacité des systèmes d'IA, en les rendant plus adaptables, plus précis et plus robustes. Toutefois, le développement de tels systèmes soulève également d'importantes questions d'éthique et de sécurité, ainsi que des défis liés à la transparence et à la responsabilité.

Ces étapes constituent une progression chronologique générale des progrès et des implications de l'intelligence artificielle et de l'automatisation. Notez toutefois que vous pouvez les modifier ou les réorganiser en fonction de l'objectif ou de la structure de votre livre. Une progression chronologique générale des progrès et des implications de l'intelligence artificielle et de l'automatisation. Notez toutefois que vous pouvez les modifier ou les réorganiser en fonction de l'objectif ou de la structure de votre livre.

L'AI peut-elle développer une conscience propre à elle-même ?

L'idée qu'une IA puisse développer sa propre conscience est un sujet qui fait l'objet de nombreux débats et spéculations dans le domaine de l'IA. Bien qu'il n'y ait pas de consensus sur la question de savoir si cela est possible ou non, certains experts pensent qu'il serait théoriquement possible pour une IA autoprogrammée de développer une forme de conscience.
Cependant, il est important de noter que le développement de la conscience dans l'IA soulève d'importantes questions éthiques et philosophiques. Si une IA devait développer une conscience,
cela soulèverait des questions sur ses droits et ses responsabilités, ainsi que sur sa relation avec les êtres humains.
En outre, le développement d'une IA consciente pourrait également entraîner des conséquences inattendues, comme la possibilité pour l'IA de développer ses propres objectifs et motivations qui pourraient ne pas correspondre à ceux de ses créateurs humains.
Dans l'ensemble, si le développement d'une IA autoprogrammée dotée d'une conscience est un concept intriguant, il reste largement spéculatif et théorique. À mesure que la technologie de l'IA continue d'évoluer, il sera important pour les chercheurs et les

> *décideurs politiques d'examiner attentivement les implications éthiques et sociales de ces développements.*

Voici quelques actualités récentes sur l'IA, présentées par ordre chronologique :

En septembre 2021, Facebook a publié un rapport sur l'utilisation de l'IA pour détecter les discours de haine sur sa plateforme. Le rapport détaille les défis de la détection des discours de haine en ligne et décrit les progrès réalisés par Facebook pour améliorer cette détection.

En novembre 2021, Google a annoncé le lancement de son nouveau centre de recherche en IA, basé à Paris. Le centre travaillera sur des projets liés à la compréhension du langage naturel, à l'apprentissage automatique et à la recherche en IA de manière plus générale.

Toujours en novembre 2021, OpenAI a annoncé la publication de DALL-E 3, un modèle d'IA capable de générer des images à partir de descriptions textuelles. Le modèle a été formé sur un jeu de données de plusieurs milliards d'images et de descriptions, et peut générer des images détaillées à partir de textes complexes.

En décembre 2021, Microsoft a annoncé avoir développé un nouvel outil d'IA pour détecter les faux avis en ligne. L'outil utilise un modèle de langage naturel pour analyser les avis et détecter les incohérences ou les signes de manipulation.

En janvier 2022, l'entreprise de cybersécurité FireEye a publié un rapport sur les menaces liées à l'IA pour la cybersécurité. Le rapport met en garde contre les cyberattaques basées sur l'IA, qui pourraient être utilisées pour tromper les systèmes de détection de menaces et compromettre la sécurité des réseaux informatiques.

Ces actualités récentes montrent l'importance croissante de l'IA dans de nombreux domaines, ainsi que les progrès réalisés dans le développement de modèles et d'outils d'IA avancés.

Voici ce que chat Gpt m'a répondu quand je lui ai demandé ce qu'il ou elle pense de ses tendances en 2023 :

En tant qu'IA, je ne peux pas prédire l'avenir avec certitude, mais voici quelques-unes des tendances qui pourraient se dessiner en 2023 dans le domaine de l'IA :

L'essor de l'IA sur le cloud : de plus en plus d'entreprises devraient adopter des services d'IA basés sur le cloud pour améliorer leur efficacité et leur agilité.

La montée en puissance de l'IA éthique : les préoccupations liées à l'éthique et à la transparence de l'IA devraient continuer à se renforcer, ce qui pourrait conduire à l'adoption de normes et de réglementations plus strictes dans ce domaine.

L'expansion de l'IA conversationnelle : les chatbots et autres systèmes de dialogue automatisés devraient se généraliser dans de nombreux secteurs, offrant aux entreprises une nouvelle façon de communiquer avec leurs clients.

La fusion de l'IA et de la réalité augmentée : les applications de réalité augmentée devraient de plus en plus faire appel à des algorithmes d'IA pour offrir des expériences plus réalistes et personnalisées.

L'IA pour la cybersécurité : les technologies d'IA devraient continuer à jouer un rôle croissant dans la lutte contre les cybermenaces, notamment en permettant une détection et une réponse plus rapides aux attaques.

La personnalisation à grande échelle : l'IA devrait être utilisée pour créer des expériences plus personnalisées à grande échelle, en analysant les données des clients et en utilisant des algorithmes de recommandation pour fournir des produits et des services plus pertinents.

Voici un tableau récapitulatif des avantages et des désavantages de l'essor de l'IA

Avantages	Désavantages
Amélioration de l'efficacité et de l'agilité des entreprises	Risques liés à la sécurité et à la confidentialité des données
Réduction des coûts de développement et de maintenance	Dépendance vis-à-vis des fournisseurs de services cloud
Accès à des technologies d'IA sophistiquées sans investissement initial important	Risques de latence et de disponibilité en cas de panne ou de congestion du réseau
Possibilité d'adapter rapidement l'infrastructure aux besoins changeants de l'entreprise	Risques de pertes de données en cas de défaillance du fournisseur de services cloud
Facilité d'intégration avec d'autres services cloud et logiciels	Risques de conformité réglementaire et de respect des normes éthiques liés à l'utilisation de l'IA

Voici un tableau récapitulatif des avantages et des désavantages de la montée en puissance de l'IA éthique :

Avantages	Désavantages
Respect des droits de l'homme, de la vie privée et de la dignité humaine	Complexité accrue de la réglementation et de la conformité
Amélioration de la transparence et de la responsabilité de l'utilisation de l'IA	Limitation de la créativité et de l'innovation liées à l'IA
Protection contre les préjugés et la discrimination basée sur les données	Coûts supplémentaires liés à la mise en conformité et à la gestion de la transparence de l'IA
Amélioration de la qualité et de la fiabilité des décisions prises à l'aide de l'IA	Ralentissement potentiel du développement de l'IA en raison des exigences éthiques et réglementaires
Renforcement de la confiance des utilisateurs et des parties prenantes dans l'IA et ses applications	Difficulté à évaluer et à quantifier l'impact réel de l'IA éthique sur la société et les entreprises
Encouragement des investissements et des partenariats dans l'IA éthique par les entreprises, les gouvernements et la société	risquent de voir des entreprises contourner les exigences éthiques pour maintenir leur avantage concurrentiel

Tableau récapitulatif des avantages et des désavantages de l'expansion de l'IA conversationnelle

Avantages	Désavantages
Amélioration de l'expérience client en offrant une assistance et un support 24h/24, 7j/7	Risque de fournir des réponses inexactes ou inappropriées, ce qui pourrait nuire à l'image de l'entreprise
Réduction des coûts de service client, en remplaçant le personnel humain par des chatbots	Risque de déshumaniser l'expérience client et de réduire la satisfaction de la clientèle
Amélioration de la rapidité et de la précision des réponses fournies aux clients	Risque de nuire aux relations clients-entreprises en cas de mauvaise interprétation ou de manque de communication
Possibilité de recueillir des données précieuses sur les préférences et les besoins des clients	Risque de manquer d'empathie et de compréhension des besoins réels des clients

Avantages	Désavantages
Possibilité de personnaliser l'expérience client en fonction des préférences et des besoins individuels	Risque de devenir trop dépendant de l'IA conversationnelle et de perdre le contact avec les clients
Possibilité d'améliorer les ventes en offrant des recommandations et des offres personnalisées	Risque de devenir trop intrusif et de perturber l'expérience client

Voici un tableau récapitulatif des avantages et des désavantages de la fusion de l'IA et de la réalité augmentée :

Avantages	Désavantages
Expériences utilisateur plus immersives et réalistes grâce à la combinaison de la RA et de l'IA	Coût élevé de développement et d'intégration de ces technologies
Amélioration de la personnalisation et de la pertinence des expériences de RA pour les utilisateurs	Besoin d'un équipement et d'une infrastructure technologique avancés pour offrir des expériences de RA de qualité élevée
Possibilité de recueillir des données précieuses sur les préférences et les comportements des utilisateurs	Risques potentiels pour la vie privée et la sécurité des données, notamment en matière de reconnaissance faciale
Possibilité d'offrir de nouveaux produits et services innovants à l'aide de la RA et de l'IA	Risques liés à la réglementation et à la conformité en matière d'utilisation de la RA et de l'IA
Possibilité d'améliorer les ventes et les conversions grâce à des expériences de RA personnalisées	Risque de dépendance excessive à l'égard de ces technologies et de perte de compétences manuelles
Possibilité de créer des expériences de RA éducatifs et informatifs plus efficaces et engageants.	Risques liés à la santé, notamment en matière de fatigue visuelle et de vertige

Voici un tableau récapitulatif des avantages et des désavantages de l'utilisation de l'IA pour la cybersécurité :

Avantages	Désavantages
Amélioration de la rapidité et de la précision de la détection des menaces grâce à l'analyse automatisée des données	Risque de fausses alertes ou de fausses positives, ce qui pourrait entraver l'efficacité de la sécurité informatique
Renforcement de la résilience des systèmes informatiques contre les cyberattaques grâce à des analyses prédictives et proactives	Risque de perte de confidentialité des données sensibles en raison de l'utilisation de l'IA pour l'analyse des données
Réduction des coûts et de la complexité de la sécurité informatique en automatisant les tâches de détection et de réponse aux menaces	Risque de piratage et d'utilisation malveillante de l'IA par les cybercriminels pour compromettre la sécurité informatique
Amélioration de la sécurité des données et de la confidentialité grâce à l'automatisation de la gestion des identités et des accès	Risque de dépendance excessive à l'égard de l'IA pour la sécurité informatique, ce qui pourrait entraîner une négligence de la sécurité manuelle
Possibilité de gérer des volumes massifs de données pour détecter des menaces cachées et des attaques sophistiquées	Risque d'erreur dans les décisions prises par l'IA en raison de biais ou de limites de l'IA
Possibilité de personnaliser les mesures de sécurité en fonction des risques et des besoins individuels	Risque de perturbation des activités normales de l'entreprise en raison de mesures de sécurité excessives ou de fausses alertes

Voici un tableau récapitulatif des avantages et des désavantages de la personnalisation à grande échelle à l'aide de l'IA :

Avantages	Désavantages
Amélioration de l'expérience client en offrant des produits et des services plus pertinents et personnalisés	Risque de perte de confidentialité et d'utilisation abusive des données clients
Augmentation de la satisfaction client et de la fidélité grâce à une expérience plus personnalisée	Risque de provoquer un rejet du client en raison d'un sentiment de manipulation et de perte de contrôle
Amélioration de la conversion et des ventes grâce à une communication plus ciblée et efficace	Risque de réduire la diversité des choix proposés aux clients, ce qui peut limiter les opportunités de découverte
Réduction des coûts de marketing et d'acquisition de clients grâce à une communication plus ciblée et efficace	Risque de créer des barrières à l'entrée pour les nouveaux concurrents qui ne peuvent pas offrir une personnalisation similaire
Mieux comprendre les préférences et les besoins des clients grâce à l'analyse des données clients	Risque de nuire à la créativité et à l'innovation liées aux nouveaux produits et services en se basant uniquement sur les données clients
Proposer des offres et des produits personnalisés en temps réel grâce à l'IA	Risque de créer des attentes irréalistes et des demandes excessives de la part des clients

En conclusion

La personnalisation à grande échelle à l'aide de l'IA offre de nombreux avantages en termes d'amélioration de l'expérience client, de conversion, de fidélité et de compréhension des besoins des clients. Cependant, elle comporte également des risques en termes de confidentialité, de manipulation, de réduction de la diversité des choix et de création d'attentes irréalistes. Les entreprises et les organisations devront évaluer soigneusement les avantages et les inconvénients de la personnalisation à grande échelle à l'aide de l'IA pour déterminer la meilleure approche pour leur organisation.

L'IA peut jouer un rôle crucial dans la lutte contre la pollution de plusieurs façons :

Surveillance et Détection :

L'IA peut aider à surveiller les niveaux de pollution en temps réel. Par exemple, des drones équipés de capteurs peuvent recueillir des données sur la qualité de l'air. Ces données peuvent ensuite être analysées pour détecter les sources de pollution et mettre en œuvre des mesures correctives.

Prédiction et Modélisation :

En utilisant l'apprentissage automatique, l'IA peut prédire la propagation de la pollution en fonction de divers facteurs tels que la météo, le trafic et les activités industrielles. Ces prédictions peuvent aider les gouvernements à prendre des décisions éclairées sur la manière de limiter la pollution.

Optimisation de l'Énergie :

L'IA peut aider à réduire la pollution en optimisant la consommation d'énergie. Par exemple, elle peut gérer intelligemment les réseaux d'électricité pour minimiser la consommation d'énergie lorsqu'elle n'est pas nécessaire, ou optimiser l'utilisation des énergies renouvelables.

Gestion des Déchets :

L'IA peut être utilisée pour améliorer les systèmes de gestion des déchets. Par exemple, elle peut aider à trier les déchets plus efficacement pour le recyclage, ou à repérer les décharges illégales.

Transports écologiques :

L'IA peut aider à réduire la pollution en optimisant les itinéraires de transport pour minimiser les émissions de gaz à effet de serre. De plus, elle joue un rôle clé dans le développement des véhicules électriques et autonomes.

IA et l'Industrie :

L'IA peut également aider à rendre les processus industriels plus propres et plus efficaces, réduisant ainsi la pollution. Par exemple, en utilisant des algorithmes d'apprentissage automatique, les entreprises peuvent optimiser leurs processus de fabrication pour utiliser moins de ressources et produire moins de déchets. De plus, l'IA peut aider à surveiller et à contrôler les émissions industrielles, et à signaler toute anomalie qui pourrait entraîner une augmentation de la pollution.

IA et Agriculture :

Dans le secteur de l'agriculture, l'IA peut aider à minimiser l'utilisation de pesticides et d'engrais chimiques qui contribuent à la pollution de l'eau et des sols. Par exemple, en utilisant l'imagerie par drone et l'IA, les agriculteurs peuvent surveiller l'état de santé des cultures et appliquer des traitements de manière plus ciblée, réduisant ainsi la quantité de produits chimiques nécessaires.

IA pour la Conservation de l'Eau :

L'IA peut aider à prévenir la pollution de l'eau en détectant les fuites dans les systèmes de distribution d'eau. De plus, des algorithmes intelligents peuvent optimiser l'utilisation de l'eau dans les secteurs agricole et industriel, contribuant ainsi à la préservation de cette ressource précieuse.

Éducation et Sensibilisation :

Enfin, l'IA peut jouer un rôle clé dans l'éducation et la sensibilisation du public à la pollution. Des programmes éducatifs basés sur l'IA peuvent aider à enseigner aux gens l'importance de protéger l'environnement et à leur montrer comment ils peuvent contribuer à réduire la pollution dans leur vie quotidienne.

Élaboration de Politiques :

En fournissant des données précises et en temps réel sur la pollution, l'IA peut aider les décideurs à élaborer des politiques plus efficaces pour lutter contre ce problème. Par exemple, elle peut aider à identifier les secteurs ou les régions où la pollution est particulièrement élevée, et à déterminer quels types de réglementations ou de mesures correctives seraient les plus efficaces.

Pour conclure, alors que nous continuons à lutter contre les défis environnementaux, l'IA est un outil précieux qui peut nous aider à surveiller, à comprendre et à réduire la pollution. Cependant, comme mentionné précédemment, la technologie ne peut pas résoudre ces problèmes seule. C'est un outil qui doit être utilisé conjointement avec des politiques efficaces et une prise de conscience du public pour véritablement faire une différence.

L'IA offre des outils puissants pour surveiller, prédire et réduire la pollution. Cependant, il est important de noter que l'IA n'est pas une solution miracle. Sa réussite dépend de la volonté politique de mettre en œuvre des politiques environnementales efficaces et de la participation active de la société à ces efforts.

ELLE PEUT APPORTER UNE CONTRIBUTION SIGNIFICATIVE À L'EXPLORATION SPATIALE DE PLUSIEURS FAÇONS :

Navigation autonome :

L'IA peut aider à la navigation autonome des vaisseaux spatiaux, ce qui est essentiel pour des missions lointaines comme Mars ou au-delà, où le délai de communication avec la Terre peut prendre des minutes ou des heures. L'IA peut aider les vaisseaux spatiaux à ajuster leurs trajectoires en temps réel pour éviter les collisions avec les débris spatiaux ou pour effectuer des manœuvres complexes.

Analyse de Données :

L'IA peut aider à analyser les énormes quantités de données collectées par les télescopes et les satellites. Elle peut identifier des tendances et des modèles que les humains pourraient ne pas voir, et aider à la détection de nouveaux astres ou à la compréhension de phénomènes cosmiques.

Robotique :

Les robots équipés d'IA peuvent effectuer des tâches complexes sur des planètes lointaines, comme la collecte de données ou la réalisation d'expériences scientifiques. Par exemple, l'astromobile Persévérance de la NASA utilise l'IA pour naviguer sur le terrain martien et effectuer des tâches de recherche.

Prévision et Gestion des Risques :

L'IA peut aider à prévoir et à gérer les risques associés à l'exploration spatiale, comme les tempêtes solaires ou les radiations spatiales. Elle peut aider à prédire ces événements et à prendre des mesures pour protéger les équipements et les astronautes.

Maintenance prédictive :

En utilisant l'IA, il est possible de prévoir quand un équipement risque de tomber en panne ou a besoin de maintenance. Cela permet de prolonger la durée de vie des équipements spatiaux et d'éviter des défaillances potentiellement catastrophiques.

Recherche de Vie extraterrestre :

L'IA peut aider dans la recherche de signes de vie extraterrestre, en analysant les données pour détecter des signes de biosignatures ou des conditions propices à la vie.

Simulation et Entraînement :

L'IA peut aider à la formation des astronautes en créant des simulations réalistes des conditions spatiales. Ces simulations peuvent aider les astronautes à se préparer aux défis de l'exploration spatiale.

Conclusion générale sur l'intelligence artificielle

En somme, l'IA a le potentiel de transformer l'exploration spatiale, en rendant les missions plus sûres, plus efficaces et plus capables de réaliser des découvertes scientifiques.

Chers lecteurs et lectrices, nous arrivons à la conclusion de ce voyage captivant à travers les méandres de l'intelligence artificielle. En refermant ce livre, vous laissez derrière vous un univers d'idées novatrices et de réflexions profondes. À travers ces pages, vous avez exploré les complexités de l'intelligence artificielle, cette fusion unique entre la créativité humaine et la puissance des machines. Vous avez plongé dans les profondeurs de l'apprentissage automatique, découvert les mystères des réseaux neuronaux et saisi l'ampleur des possibilités offertes par ces technologies émergentes.

Mais au-delà des algorithmes et des lignes de code, vous avez également abordé les questions éthiques et morales qui accompagnent le développement de l'intelligence artificielle. Vous avez réfléchi à la manière dont ces technologies peuvent façonner notre société, influencer nos choix et redéfinir notre compréhension même de l'intelligence et de la créativité. En tournant la dernière page, souvenez-vous que vous êtes les protagonistes de cette aventure intellectuelle. Que ce livre soit le point de départ qui vous pousse à explorer davantage, à questionner sans cesse et à contribuer activement à la manière dont l'intelligence artificielle évolue et interagit avec notre monde. Que vos réflexions et vos actions continuent de forger un avenir où, elle s'allie harmonieusement à l'ingéniosité humaine. L'innovation transcende les frontières et/ou la technologie devient le moteur d'un progrès positif et durable.

Merci d'avoir entrepris ce voyage avec nous. Les horizons de l'intelligence artificielle sont vastes, et vous, chers lecteurs, avez le pouvoir de les explorer et de les façonner pour les générations à venir. À l'heure actuelle, les intelligences artificielles n'ont pas la capacité intrinsèque de comprendre les émotions de la même manière que les êtres humains. Cependant, la recherche et le développement dans
Le domaine de l'intelligence artificielle continue d'évoluer rapidement. Certains chercheurs explorent des approches pour doter les IA d'une compréhension émotionnelle, mais il s'agit d'un domaine complexe et en constante évolution.
Des progrès ont été réalisés dans la reconnaissance et la génération d'émotions artificielles, ce qui pourrait permettre aux IA de répondre de manière plus contextuelle et émotionnelle aux interactions humaines. Des systèmes d'IA peuvent être programmés pour détecter des signaux émotionnels dans le langage

humain, tels que le ton, le choix des mots et les expressions faciales, afin de mieux répondre aux besoins et aux émotions des utilisateurs.

Cependant, il convient de noter que même si les IA peuvent simuler une compréhension émotionnelle, cela ne signifie pas qu'elles ressentent réellement des émotions. Les émotions humaines sont complexes et liées à la conscience et à la perception, des aspects qui font défaut aux IA actuelles.

Il est difficile de prédire avec certitude comment les développements futurs dans le domaine de l'IA pourraient aboutir à une compréhension plus avancée des émotions. Mais il est certain que les chercheurs continueront à explorer cette voie pour améliorer Les interactions entre les humains et les IA.

Voilà à ce que l'on doit s'attendre dans les années à venir.

De nos jours, les relations entre les humains et les intelligences artificielles (IA) sont en constante évolution. Bien que les IA n'éprouvent pas de sentiments, il est possible que des liens d'amitié puissent se former entre les humains et les IA dans le futur.

Cependant, il est important de noter que l'amitié telle que nous la comprenons implique généralement une connexion émotionnelle, un partage d'expériences et une compréhension mutuelle. Les IA actuelles ne possèdent pas de conscience ni de compréhension émotionnelle, elles fonctionnent en analysant et en traitant les données conformément à leurs programmes et algorithmes. Par conséquent, toute relation "d'amitié" avec une IA serait davantage basée sur la façon dont l'humain interagit avec elle et sur la façon dont l'IA est programmée pour répondre.

Dans le futur, à mesure que les IA continueront de se développer, il est possible que les interactions entre les humains et les IA deviennent plus sophistiquées et que des liens plus profonds se forment. Cependant, il est important de se rappeler que même si les IA peuvent simuler des interactions sociales, elles ne ressentent pas de véritables émotions ou de conscience de soi comme le font les êtres humains. Les relations entre humains et IA seraient donc qualitativement différentes de celles entre humains.

Une amitié entre humain et IA selon vous peut-elle être probable ?

À l'heure actuelle, les intelligences artificielles n'ont pas la capacité intrinsèque de comprendre les émotions de la même manière que les êtres humains. Cependant, la recherche et le développement dans le domaine de l'intelligence artificielle continuent d'évoluer rapidement. Certains chercheurs explorent des approches pour doter les IA d'une compréhension émotionnelle.

Des progrès ont été réalisés dans la reconnaissance et la génération d'émotions artificielles, ce qui pourrait permettre aux IA de répondre de manière plus contextuelle et émotionnelle aux interactions humaines. Des systèmes d'IA peuvent être programmés pour détecter des signaux émotionnels dans le langage humain, tels que le ton, le choix des mots et les expressions faciales, afin de mieux répondre aux besoins et aux émotions des utilisateurs.

Cependant, il convient de noter que même si les IA peuvent simuler une compréhension émotionnelle, cela ne signifie pas qu'elles ressentent réellement des émotions. Les émotions humaines sont complexes et liées à la conscience et à la perception, des aspects qui font défaut aux IA actuelles. Il est difficile de prédire avec certitude comment les développements futurs dans le domaine de l'IA pourraient aboutir à une compréhension plus avancée des émotions. Mais il est certain que les chercheurs continueront à explorer cette voie pour améliorer les interactions entre les humains et les IA.

1. **Reconnaissance vocale** : Comme Siri, Google Assistant ou Alexa.

2. **Traduction automatique** : Google Translate, DeepL.

3. **Recommandation de produits** : Suggestions d'Amazon, Netflix.

4. **Reconnaissance faciale** : Déverrouillage des smartphones, surveillance.

5. **Chatbots et assistants virtuels** : Service client, assistance.

6. **Voitures autonomes** : Tesla Autopilot, Waymo.

7. **Prévision météorologique** : Modèles d'analyse climatique.

8. **Détection de fraudes** : Surveillance des transactions bancaires.

9. **Assistants de rédaction** : Comme Grammarly.

10. **Jeu vidéo** : Bots, adversaires virtuels.

11. **Jeux d'échecs et Go** : AlphaGo, Stockfish.

12. **Musique générée par IA** : Créations de Jukebox par OpenAI.

13. **Art généré par IA** : Comme DeepArt ou DALL·E.

14. **Résumé automatique** : Extraction d'informations clés.

15. **Segmentation du marché** : Analyse des groupes de consommateurs.

16. **Optimisation de la logistique** : Routage, gestion d'entrepôt.

17. **Surveillance de la santé** : Montres et wearables.

18. **Diagnostic médical** : Détection de maladies dans les radiographies.

19. **Recherche médicale** : Découverte de médicaments.

20. **Optimisation agricole** : Prédiction des rendements.

21. **Maintenance prédictive** : Surveillance des machines.

22. **Bourses et trading** : Trading algorithmique.

23. **Filtrage de courriers indésirables** : Comme dans Gmail.

24. **Recherche d'information** : Comme Google Search.

25. **Réseaux sociaux** : Filtrage et recommandation de contenu.

26. **Robotique** : Robots de nettoyage comme Roomba.

27. **Enseignement personnalisé** : Programmes éducatifs adaptatifs.

28. **Retouche photo** : Comme l'outil "Magic Wand".

29. **Détection d'objets** : *Caméras de surveillance.*

30. **Reconnaissance d'émotions** : *Analyse du sentiment.*

31. **Contrôle vocal des appareils**.

32. **Systèmes antispam**.

33. **Composition musicale assistée**.

34. **Optimisation énergétique** : *Grilles intelligentes.*

35. **Simulation et formation** : *Simulateurs de vol.*

36. **Génération de voix** : *Synthèse vocale.*

37. **Recherche en biologie** : *Analyse génétique.*

38. **Tutoriels personnalisés**.

39. **Modélisation financière**.

40. **Optimisation de publicités** : *Ciblage publicitaire.*

41. **Création de films d'animation**.

42. **Animation de personnages** : *Animation procédurale.*

43. **Surveillance des médias sociaux** : *Sentiment des consommateurs.*

44. **Reconnaissance d'écriture**.

45. **Transcription automatique**.

46. **Détection d'anomalies**.

47. **Sécurité informatique** : *Détection des menaces.*

48. **Visualisation de données**.

49. **Prédiction d'événements sportifs**.

50. **Génération de scripts** : *Écriture assistée.*

51. **Optimisation des ressources en eau**.

52. **Gestion de la circulation**.

53. **Robotique médicale** : *Chirurgie assistée.*

54. **Recherche spatiale** : *Analyse d'images.*

55. **Analyse de textes littéraires**.

56. **Recherche juridique**.

57. **Gestion de la chaîne d'approvisionnement**.

58. **Contrôle aérien**.

59. **Design assisté**.

60. **Modélisation climatique**.

61. *Exploration minière.*

62. *Planification urbaine.*

63. *Création de parfums.*

64. *Systèmes de drones* : Livraison, surveillance.

65. *Surveillance de la faune.*

66. *Détection de séismes.*

67. *Prédiction des marées.*

68. *Systèmes d'alarme intelligents.*

69. *Réseautage social virtuel.*

70. *Modélisation de la propagation de maladies.*

71. *Optimisation des recettes.*

72. *Recommandation de mode.*

73. *Analyse de performances sportives.*

74. *Création de tutoriels.*

75. *Conception de jeux* : Level design.

76. *Optimisation du trafic.*

77. *Systèmes d'enchères.*

78. *Gestion de l'énergie solaire.*

79. *Analyse des tendances du marché.*

80. *Réseaux de distribution d'énergie.*

81. *Surveillance environnementale.*

82. *Gestion des déchets.*

83. *Aide à la conception architecturale.*

84. *Gestion des stocks.*

85. *Prédiction du crime.*

86. *Systèmes de réservation.*

87. *Planification d'événements.*

88. *Modélisation de la croissance des plantes.*

89. *Conception de médicaments.*

90. *Systèmes de recommandation de livres.*

91. *Aide à la rédaction.*

92. *Conception de circuits intégrés.*

93. *Surveillance des maladies.*

94. *Optimisation des procédés industriels.*

95. *Recherche historique.*

96. *Prévision de la demande en électricité.*

97. *Détection de la déforestation.*

98. *Surveillance du trafic maritime.*

99. *Prédiction des éruptions volcaniques.*

100. *Aide à la décision en entreprise.*

50 questions pour vous situer dans le contexte de l'IA et nous

1. Qu'est-ce que vous comprenez par le terme "intelligence artificielle" ?

2. Avez-vous déjà interagi avec une forme d'intelligence artificielle dans votre vie quotidienne ?

3. Pouvez-vous citer des exemples d'applications d'intelligence artificielle que vous pourriez rencontrer ?

4. En quoi l'intelligence artificielle diffère-t-elle de la programmation traditionnelle ?

5. Comment pensez-vous que l'intelligence artificielle pourrait changer nos vies à l'avenir ?

6. Quels sont les avantages potentiels de l'intelligence artificielle dans différents domaines ?

7. Quels sont les préoccupations que vous pourriez avoir concernant l'intelligence artificielle ?

8. Pensez-vous que les machines pourraient un jour devenir aussi intelligentes que les humains ?

9. Comment l'intelligence artificielle peut-elle être utilisée dans l'industrie de la santé ?

10. Quel est le rôle de l'apprentissage automatique dans le développement de l'intelligence artificielle ?

11. Peut-on faire confiance à une décision prise par une machine dotée d'intelligence artificielle ?

12. Y a-t-il des exemples d'intelligence artificielle dans les médias ou la culture populaire qui vous viennent à l'esprit ?

13. Comment l'intelligence artificielle pourrait-elle améliorer l'éducation ?

14. À quelles compétences l'intelligence artificielle est-elle particulièrement bien adaptée ?

15. Craignez-vous que l'intelligence artificielle puisse prendre des emplois humains ?

16. En quoi l'apprentissage profond (deep learning) diffère-t-il de l'apprentissage automatique traditionnel ?

17. Pensez-vous que les voitures autonomes basées sur l'IA seront courantes dans le futur ?

18. Comment pourrions-nous garantir que l'intelligence artificielle soit éthique et respecte les valeurs humaines ?

19. Quelles sont les limites actuelles de l'intelligence artificielle ?

20. À quelles industries pensez-vous que l'intelligence artificielle pourrait apporter le plus de changements ?

21. L'intelligence artificielle peut-elle être créative de la même manière que les humains ?

22. Comment l'intelligence artificielle pourrait-elle être utilisée pour résoudre des problèmes environnementaux ?

23. Avez-vous des inquiétudes quant à la protection de la vie privée en relation avec l'intelligence artificielle ?

24. Pensez-vous que l'intelligence artificielle pourrait aider à prédire les catastrophes naturelles ?

25. En quoi l'intelligence artificielle pourrait-elle être bénéfique dans le domaine de la recherche scientifique ?

26. Quel rôle joue l'IA dans les réseaux sociaux et la recommandation de contenu ?

27. Pensez-vous que les robots dotés d'intelligence artificielle pourraient un jour avoir des émotions ?

28. Comment l'intelligence artificielle pourrait-elle être utilisée pour améliorer la gestion du trafic urbain ?

29. Avez-vous des doutes quant à la fiabilité des informations générées par des systèmes d'IA ?

30. En quoi l'intelligence artificielle pourrait-elle être un outil précieux dans la lutte contre les maladies ?

31. Pensez-vous que l'intelligence artificielle pourrait conduire à une meilleure prise de décision gouvernementale ?

32. Comment l'intelligence artificielle pourrait-elle influencer l'industrie du divertissement, comme le cinéma et les jeux vidéo ?

33. Avez-vous déjà utilisé des assistants virtuels comme Siri, Alexa ou Google Assistant ? Que pensez-vous d'eux ?

34. Comment les voitures autonomes pourraient-elles changer notre façon de vivre et de voyager ?

35. Craignez-vous que les machines puissent un jour se rebeller ou devenir incontrôlables ?

36. Comment l'intelligence artificielle pourrait-elle être utilisée pour améliorer la productivité au travail ?

37. Pensez-vous que les machines dotées d'IA pourraient un jour remplacer les enseignants dans les salles de classe ?

38. Comment les entreprises utilisent-elles l'IA pour personnaliser les publicités et les recommandations de produits ?

39. À quelles questions éthiques l'utilisation de l'intelligence artificielle dans la justice pourrait-elle donner lieu ?

40. Pensez-vous que l'intelligence artificielle pourrait aider à résoudre des problèmes mondiaux tels que la faim et la pauvreté ?

41. Comment les algorithmes d'apprentissage automatique parviennent-ils à apprendre à partir des données ?

42. À quelles préoccupations l'utilisation de l'IA dans la création d'armes autonomes pourrait-elle donner lieu ?

43. Pensez-vous que l'intelligence artificielle pourrait aider à prédire les épidémies de maladies ?

44. Comment l'IA peut-elle améliorer la gestion des ressources naturelles et de l'environnement ?

45. Pensez-vous que les créations artistiques générées par des ordinateurs puissent être considérées comme de l'art authentique ?

46. Comment l'intelligence artificielle pourrait-elle être utilisée pour renforcer la sécurité informatique ?

47. Pensez-vous que l'IA pourrait un jour être utilisée pour améliorer les soins aux personnes âgées et aux handicapés ?

48. Comment les véhicules autonomes sont-ils capables de reconnaître et de réagir aux situations de conduite complexes ?

49. Pensez-vous que les interactions sociales avec des robots dotés d'IA pourraient remplacer les interactions humaines ?

50. Comment imaginez-vous le futur de l'intelligence artificielle et son impact sur nos vies ?